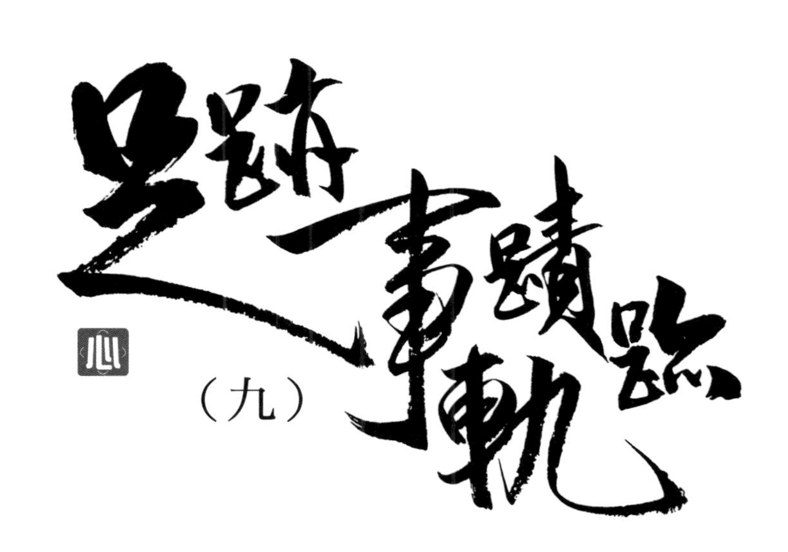
（九）

序

知面（Studium）：一張照片中所反映出的客觀訊息，能引起觀者普遍性的注意，並投入探索。

刺點（Punctum）：照片中某個非刻意營造的微小細節，刺激觀者主觀感受，並引發其情緒共鳴。

「知面」與「刺點」，是法國文學家、社會學家、哲學家羅蘭・巴特在其著作《明室・攝影札記》中所闡述的觀點。儘管是針對影像而論述，但我們仍可將其引申至文學層面——同樣在呈現某種畫面、用著不同的傳遞媒材。

如果《足跡・事蹟・軌跡》中每位創業者的故事，都是一幅圖像，那麼那些穿透您內心某個角落的「刺點」，又會是什麼呢？是「咬定青山不放鬆」的堅決？是「劍外忽傳收薊北」的悸動？抑或是「青山依舊在，幾度夕陽紅」的感慨？

為故事主角執筆多時，在每個故事中沈吟，總不難找到勾人思緒的點，更何況，在人生不同階段、不同閱歷之下，能受牽引的「刺點」肯定不同。這共鳴一起，此人此事，便躍然紙上，走入讀者心頭，甚至在某個關鍵時刻，成為一股力量。

願此書在手，無論閱讀者在何種心境下翻閱，皆能有所收穫。如此方不忝主角們透過心想之筆，將他們創業歷練交託問世的一番赤誠！

主編 蔡怡軒

推薦序

閱讀《足跡 ‧ 事蹟 ‧ 軌跡》中每一則創業故事，皆是由數不盡的萬般辛苦、成就、努力所淬煉出來的人生精華，再再都值得泡上一壺茶，坐下來細細品嘗。

365行，各個行業都有諸多值得學習之處，很榮幸可以成為《足跡‧事蹟‧軌跡》編輯企劃團隊認可的對象，藉此管道分享走過的點點滴滴。在訪談與成書過程中，彷彿又再三回味了創業歷程的箇中滋味，酸甜苦辣，一路走來感觸極深！

投身於設計界，不單單只是藝術和邏輯的結合，更需要融合客戶生活中的「足跡、事蹟、軌跡」，將之內化後重新產出，才能夠創造出真正以人為主體的好作品。正如同任何行業的出發點，皆須以人為中心、皆須來自人性。

此書的概念，擺脫了商業氣息，轉以人文的角度，將各行菁英進行一系列「以人為本」的分析及分享。書籍裡的每位主角，都是經歷過一番艱難，並且克服困阻的過程；但相對地，我們亦能發現在這些領導者中，都有著一個共同點，即是喜歡挑戰、喜歡成長、喜歡解決問題，也許這正是《足跡 ‧ 事蹟 ‧ 軌跡》一書當中，最想闡揚、最欲幫主角們發聲的一點！

如今的年輕人，都是想法輩出、能力十足，而在各自的規劃藍圖中，極為建議參閱《足跡 ‧ 事蹟 ‧ 軌跡》，從中找出屬性相同的行業，看創業者們是如何突破難關、迎接挑戰。這些經歷，也許只是短短數千字，但卻是每個成功者背後不為人知的微調與改進所獲得的智慧精髓。

手捧一書，便已入寶山，豈能空手而返？

肯星設計總監　曾濬紳

目　錄

046 愛的寵物天堂

022 哄哩岸餐廳

116 沐白

160 翟兆和書法教室

遠渡重洋的神父修女
築一個給慢飛天使的安樂家園

「臺北市私立聖安娜之家」

「他們是站在天堂邊，拉一個小門縫讓人們進入的天使。」

——白永恩神父

位於臺北市中山北路七段的寧靜住宅區，天母天主堂的十字架直劃天際。陽光正好，迎面吹來的風一派和緩，「聖安娜之家」就隱身在天主堂之後，彷彿和車馬塵囂的城市隔成兩個世界。與簇新的現代大樓相比，古樸的磚紅教堂建築風格迥異。

踏進聖安娜之家，一片明亮朝氣迎面而來，在親切友善的工作人員引領下，令人由衷地產生好感，顛覆對身心障礙照顧機構的既有刻板想像，很自然地投入與院生的互動之中。

天母天主堂與聖安娜之家。

天主在夢中的指引　創辦以愛之名的身障育幼院

聖安娜之家在臺灣已走過47個年頭，回溯一路以來的歷史，原先在天母堂服務的荷蘭籍白永恩神父，在某個夜晚做了一個夢，夢中有個身體不健全的孩子前來拜訪他。時隔不久，天母堂的門口竟出現一個嬰孩，孤零零被裝在紙箱中，神父便將孩子收留。夢境成真，白永恩神父認為這一切都是天主賦予他的使命。

早期臺灣社會對於重度多重障礙的孩子仍帶有歧視與成見，覺得生下這樣的孩子並不光彩、不體面，要是生在窮苦人家更是無力扶養，唯有教堂裡的神父、修女願意收容這些身帶殘疾的孩子。

一開始白永恩神父將孩子們安置在美軍眷屬宿舍，但隨著院童越來越多，宿舍空間終於不堪負荷，白神父便往來臺灣及荷蘭兩地募款，一磚一瓦創辦了聖安娜之家，專門收容身心障礙兒童，並陸續獲得修士修女們的援助。在臺灣服務超過四十餘年的荷蘭籍柯德蘭修女，孩子們稱她永遠的姆媽，就是最早一批無私奉獻於聖安娜之家的修會人員。

全心接納與奉獻　孩子是天主贈與的禮物

聖安娜之家主任李大川回憶，白永恩神父、柯德蘭修女和文雅德神父對於堂區、孩子或是工作人員來說，都是重要的精神支柱，他們為人樂善好施之外，更將身心障礙的孩子視為天主贈與的禮物。 無論環境與社會如何移轉，他們的愛與付出從未改變。2002 年，文雅德神父在白永恩神父逝世後，繼任服務堂區及聖安娜之家院長的職務，直到今年才回到荷蘭安養天年。

近半世紀以來，聖安娜之家收容超過上千名兒童，其中不乏腦性麻痺、智能障礙及多重障礙的孩童。院所堅持要給孩子足以健康成長的生活環境，無法自理的孩子們，從吃飯、如廁到沐浴更衣，都需由工作人員協助，各方面都需要極高密度的關照。

文雅德神父曾說：「孩子都會認得我，知道我照顧他們、餵他們吃飯、洗澡。」柯德蘭修女也曾提過：「即使自己說的是英語，但看孩子的表情就能知道，他們其實都懂。」在聖安娜之家，愛是以行動相互交流，而非只是嘴上的詞彙。

01

02

03

04

05

06

視孩童如己出　彼此像朋友更像家人

李大川主任十年前因緣際會來到聖安娜之家，深感神父與修女的慈愛，團隊同心灌注尊重與平等精神，為重度身心障礙孩童提供身、心、靈的全人照顧。

李大川在剛接觸這些孩子時，他坦言內心是很震撼的，甚至不敢靠近、更不知如何互動，但有一股力量敦促他務必伸手嘗試；一晃眼十年過去，現在看著這些孩子，覺得他們已經是自己生活中重要的一部分，既像是朋友、更像是家人。

在聖安娜之家服務三十七年的教保組長陳姐，被李主任戲稱為聖安娜之家的「土地婆」，這位孩子們眼中的「大媽咪」，出身臺東，從小受教會修女無私協助，長大後也有著滿滿的奉獻精神，哪裡需要幫助，就會在那裡看到陳姐的身影。

她說：「這裡都是重度障礙的孩子，對於他們的一切我都接納，即使進步相當緩慢。」認同這份工作的價值，陳姐一路走來也能化勞苦為甘美，笑笑地說：「這是一份幸運的工作，要不然怎麼有機會服務到這些孩子們？」

01 聖安娜之家創辦人荷蘭籍白永恩神父。02 柯德蘭修女（左三）與文雅德神父（右三），文雅德神父在白永恩神父逝世後繼任聖安娜之家院長職務。03-04 白永恩神父與身心障礙院童合影。05-06 從小就生活在聖安娜之家的院童，隨著年紀增長，也會幫忙機構處理擦窗戶、掃地等生活大小事。

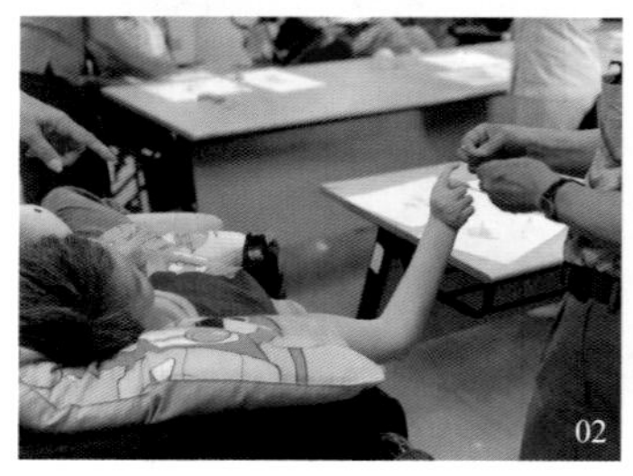

編制完整的嚴謹團隊　給予院生最妥善的照料

現行聖安娜的團隊編制分為行政組與教保組。行政組負責人事、環境衛生、活動企劃、經費預算等；而教保組則負責院生的生活照護、發展教育、醫療與心理照護等工作。目前共服務三十二位院生，由第一線的服務人員輪班照護，支撐院生的日常生活。七層樓的建物除了三層供給住宿，其餘樓層分別做為健康管理、多功能活動區域以及多感官空間使用。

近年聖安娜之家推動院生回歸正常化，積極促進院生參與社會，即使是面對重度障礙孩子，仍期許照顧者待之與正常人無異，強調和一般孩子同樣平等，對院生抱持尊重。這樣的理念，從院方將「個案」改稱為「服務使用者」便可窺知一二。

李主任提及早在三十、四十年前，白永恩神父對於大眾所捐贈的舊衣物一律回絕，他認為院內的孩子並不是二等公民，「我的孩子應該跟您的孩子一樣，穿著全新的好衣服，而不是被施捨的舊衣。」也因如此，聖安娜之家的每位院生在這裡都能獲得無微不至的悉心照料與呵護。

01 趁著暖陽高照，院生們開心忙著幫園區花圃澆水。02 院生與親人互動，爸爸手中的許願紙寫滿了對女兒的祝福，希望她能夠平平安安、快快樂樂的生活。03 聖安娜之家在每個月第一週的禮拜二，都會與孩子們在機構內的聖堂舉行溫馨的彌撒，為院生祈福。04 院生婷婷親手製作、繪畫的環保提袋。

即使慢飛　也能感受最溫暖的光

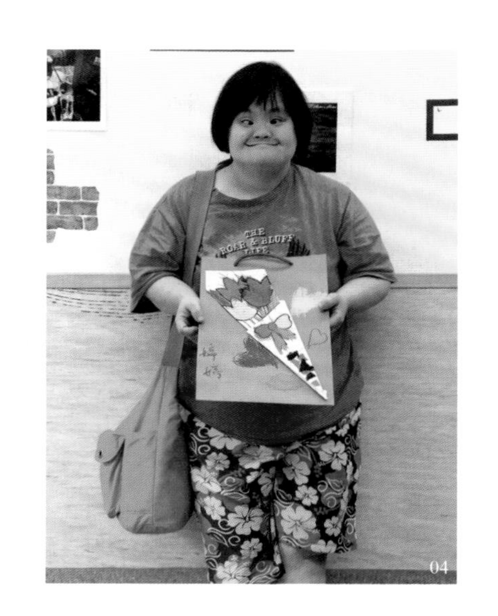

談及聖安娜之家的未來，李大川主任表示機構會持續接納重度身心障礙的孩子，秉持平等的態度相待。他說：「和他們相處，你反而會開始期待自己能被他們接納。雖然不能用言語表達，但他們反應很直接，藉由眼神或肢體，你會開始檢討孩子對自己的反應，藉此知道自己的服務及不及格。」

對這些服務者來說，重度身心障礙者擁有最為純潔的心靈，在未來，聖安娜之家仍會為每個慢飛天使點燃希望與守護之光，年復一年，日復一日。

聖安娜之家 簡介：

聖安娜之家位於臺北市士林區，1972 年由天主教遣使會白永恩神父創立，為收容照顧身心障礙者的社會福利機構。以服務身心障礙者為己任，基於尊重、平等的福音精神，提供身、心、靈的全人照顧。

愛心捐款

郵撥帳號：19180136

戶名：財團法人天主教白永恩神父社會福利基金會附設臺北市私立聖安娜之家

銀行帳號：（兆豐銀行）021-14-00043-7

戶名：財團法人天主教白永恩神父社會福利基金會附設臺北市私立聖安娜之家

臺北市私立聖安娜之家

地址：臺北市士林區中山北路七段 181 巷 1 號

電話：（02）2871-4397

官方網站：www.stanneshome.org.tw

Facebook 粉絲專頁：聖安娜之家

官網

粉絲團

線上捐款

引動「大腦超智能電晶體」創造自己的成功系統

「AIS 國際教育研究機構」歐青鷹

AIS 教室內，歐青鷹「LRE 深命再造工程」一景。

在這個眾人汲汲營營於名利的時代，高薪厚職、美滿家庭似乎成為人生勝利組的代名詞。然而，「AIS 國際教育研究機構」創辦人歐青鷹認為，每個人的成功定義與條件都不同，只要找到自我價值、培養自發性，人人都能邁向屬於自己的成功境界。

超自學——成功翻轉自己的人生

歐青鷹從小就是個沒有框架、不受拘束的孩子，在父母眼中他好動、不按牌理出牌，不喜歡讀書、只愛運動，又充滿正義感、好打抱不平，還曾被英文家教老師稱作「浪費補習費的孩子」。

在傳統教育思惟下，除了課業成績，就算有著天賦特長、傑出的人格特性，或是影響他人的領導力，也會被視為是一無可取的叛逆份子。在學歷至上的社會價值觀裡，不少孩子的潛力都被視而不見，失去發展天賦的機會。過度重視學業與分數，很可能就是埋沒孩子天分、扼殺人才的原因之一。

慶幸的是，這個從小就不被教育體制束縛的孩子，自主性特強，而且深具冒險精神。他勇於挑戰傳統，試圖找出自己的出路和各種可能性，這些當時父母和師長所不能認同的人格特質，卻成了歐青鷹出類拔萃的助力。

心思細膩又愛幻想的他，在人生每個階段，總是有著超越認知與經驗的獨特體會。工作及生活中的各種困難和挫敗，對他來說就像是特製的營養品，從挫敗中，他學習換位思考，借體看待，也練習將負面轉化為正向，並從這些經歷中爬梳出「接受負面才是正面，排斥負面並非正面」的道理，這種可受度正是豐潤自我的能力。

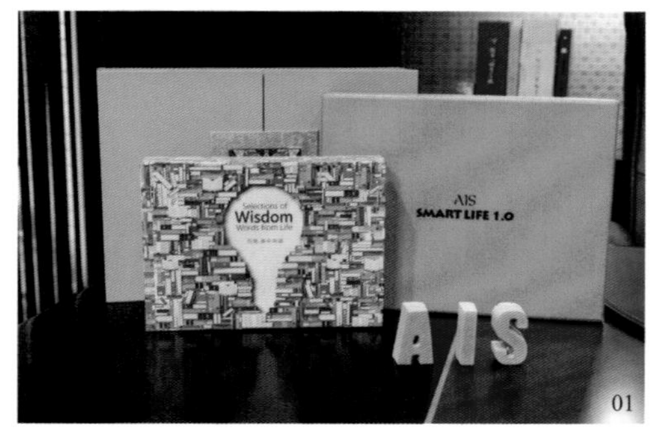

01

02

01-02 歐青鷹所研創的「AIS 超自學教育系統」。03 AIS 國際教育研究機構－企業總部。

03

電晶體的自燃力——在生活中成為自己的教練

「人在很多時候根本看不見自己是在建設，還是在破壞自己。人離自己太近，反而離自我更遙遠；對外太敏感，反而失去對自己的警覺。我們似乎被一個看不見的自己給控制，它就是存在我們身上的潛意識，它的活動範圍出乎您的想像，左右了我們大半人生。」在各種機緣的撞擊下，歐青鷹發現人生的幸與不幸，根本出在個人的價值觀和心理層面以及所養成的生活慣性，能否成功致富，大半的原因也是出在這裡。

在歐青鷹想通的時候，心中似乎有一股莫名的力量蠢蠢欲動，要他拿起筆和紙開始書寫，那股力量如此強大，引領他走上奇妙的心靈旅途，於二十六歲出版第一本著作《潛能成功之謎》。

他依著這本書所引導的成功心態與方法，在不到十年的光景實現了自己在二十幾歲所設下的各項人生目標。過程中，總會在心靈深處傳來自問的聲音：「夢想一一實現之後，接下來要做什麼？人生最後又是什麼？除了金錢之外，更重要的人生價值又是什麼？」他發覺，任何實現都會失去，而那些不會失去的才是希望的根本……。

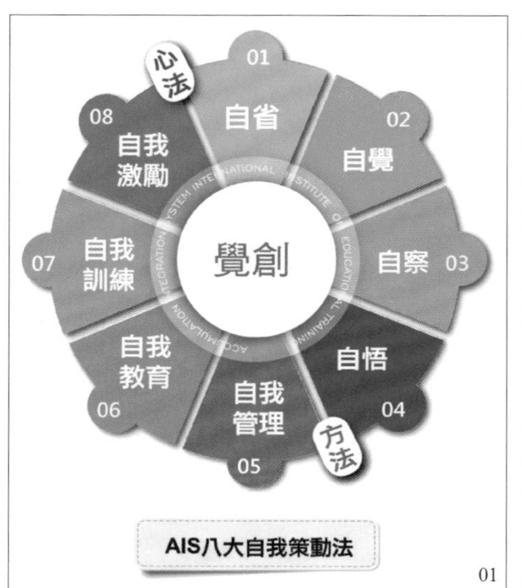

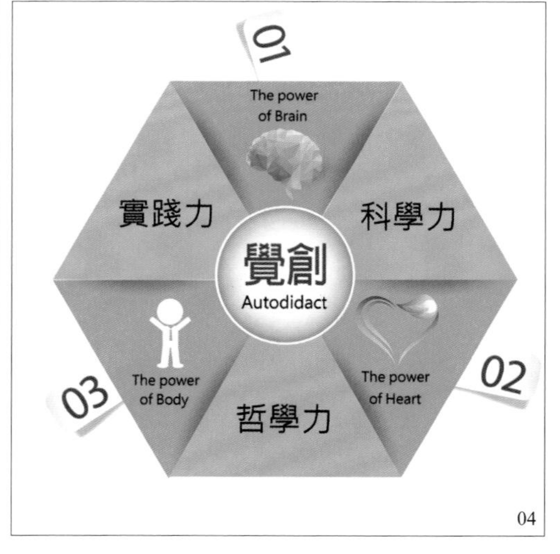

01-02 AIS 國際教育研究機構「八大自我策動法」售後服務體系。03 「超自學力」成功翻轉人生九大主題產業。 04 AIS 啟動每個人本來具足的「心靈哲學力」、「大腦科學力」、「身體實踐力」。

這些內在的聲音啟發了他更深層的思考，在潛力的驅動下，陸續研發出各類自我探索、成功實踐學、心理科學、生命哲學和人生幸福學等「AIS 超自學系統」系列叢書，二十幾年來為不少個人、家庭和企業帶來成功致富與人生幸福的希望。他說：「成功的最大價值，除了榮耀自己之外，更應該帶給家人幸福，為社會分擔應有的責任。」這也是他一直在實踐的事。

歐青鷹，秉持對成功的強烈渴望，致力於找尋邁向成功的心法。長期投入人類行為、人性與生命的研究，最終理出了成功的關鍵要素，亦是成功人士不可或缺的特質，那就是「腦電晶體的自發性」與「內在可成的數據」。

歐青鷹研究發現：「人如果沒有自燃力，就算擁有再多知識、技術或工具，距離成功都是遙遠的。」他憶起從小到大，父母從不過度干預自己，他從小就養成良好的管理能力及自我鞭策的習慣，在追求理想的過程中，更是不間斷地完成設定目標，達到社會價值觀所認為的「成功」。他相信這一切的關鍵，正是在於人格特質所具備的自發性與潛在力量的導引，那就是源源不斷的「腦晶體電力」，又稱「腦自燃力」。

然而，並不是每個人都能在生活中「自燃」，而缺乏自發性的原因，往往來自人們不夠了解自己，看不見自我價值所在，缺乏一定要成功的自信，就開不了腦晶體電力。看到許多人想成功卻屢屢受挫，歐青鷹在了解人性與生命的道理下，綜研出一套自我培養「多元性自我策動力」的教育系統，並建立 AIS 國際教育研究機構。

誰也不可能跟誰一樣

投入教育研究領域，歐青鷹深刻體會其中的不易。從七坪大小的辦公空間，一人孤軍奮戰又沒有金援，加上讓人感覺「超現實」的言論當時並不受到多數人認同，初期創業的過程十分艱辛。但他轉念一想，既是要幫助他人，又怎能止步於這一點的困境？

「人人皆可以成功，但不可能一樣的成功，因為生命數據各有不同，這不是定見，除非有能力改變命中的數據，否則您就是您，不可能跟誰一樣。」他深信過程中的挑戰將會化為資源，成為未來的助力，於是將低潮轉為動力，鞭策自己不斷進修、研發新的觀念及教材，從實踐中驗證，這一切不為與同業競爭，而是為了自我進化。

曾有一位進行超自學的學員，因為不懂得轉彎的個性，平順的人生在離婚那一刻起完全變了樣，一夕之間跌到谷底。儘管他痛心疾首，但婚也離了，還負債快一千萬，孩子回不到身邊，事業也面臨去留。被最親密的家人背離，當時真的找不到活下去的理由。

幸好在 AIS 超自學的引導下，慢慢調整心態接受當下，在自我認識之中，逐漸走出離婚後的打擊及傷痛。在 AIS 學習環境的陪伴中，不止心態平穩 ，連事業也逐漸平順，親子關係更和諧，家人也漸漸的接受並給予溫暖接納。個案自學效益不勝枚舉，學員從暴躁變得溫和、家庭從支離破碎到和諧幸福，這一切都是屬於他們自己的成功，而學員的改變、家庭的蛻變，都是對這套超自學系統的有效見證。

01

02

03

01-02 歐青鷹獲頒華人公益大使及世界傑出人物獎項。03 獲頒國家品牌玉山獎。

01

腦是心靈的結晶體

歐青鷹創立 AIS 長達 26 年，期間一邊執行、一邊研發一系列的「AIS 超自學系統」，這一路上，他始終堅信「自己就是最好的老師」，而能在生活中成為自己的教練，歐青鷹分析，關鍵就在於「腦自學」與「心無學」的電晶體覺醒。

「腦自學」即為大腦開發，透過引導、刺激、鞭策、鼓勵，培養學員自主性思考的能力，跳脫慣性思考，練就出更聰明的自己。「心無學」則是內心境界的提升，在 AIS 人生經營哲學的引導下體會真理，感受他人與社會的存在意義，提升心靈的高度與富足感，淬煉出先天智慧，當學員將「聰明」與「智慧」合而為一，就能達到「成功自學、智慧無學」的最高境界。

「在努力往外讓大腦演化的物質成就路上，更要往內心進化，從而進入精神文明的世界，才能走向生命均衡的富足境界。」為了讓 AIS 超自學教育能更加普及，除了讓自學者擁有全套專屬的超自學系統，網站亦建構「登入 e- 超自學」線上學習方式，讓學員在生活中隨時隨地都可以超自學。

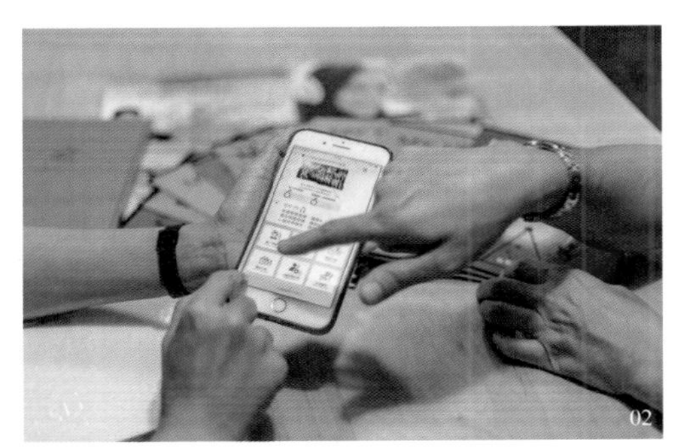

目前正積極連結社會平台，讓 AIS 超自學更大眾化、普及化，進而將系統譯成多國語文，邁向國際化，讓每個人都可以輕鬆透過簡單的超自學系統，打破自我框架，超越人性、習性、個性的心理設限，啟動個人本身就具備的心靈哲學力、大腦科學力、身體實踐力，帶領人人都能打造出專屬個人的成功文化，找回自己的本質，享受不同凡響的精采人生與生命高度！

01 AIS 國際教育研究機構創辦人 歐青鷹。02-03 簡單的超自學系統，帶領您走出屬於自己的不凡人生。

經營哲學：

以「人」為基礎，以「反思」為起點，以「實踐」為作用，以效法「自然」為精神。

成功心法：

自信與信念。

人生座右銘：

好的想法祝福自己，壞的想法詛咒自己。

AIS 國際教育研究機構

地址：高雄市鼓山區明誠四路 10 號 6 樓

電話：（07）554-0138

官方網站：www.ais-power.com

Facebook 粉絲專頁：AIS 國際教育訓練機構

官網

粉絲團

用愛串成善緣
公益餐廳裡的幸福料理

「哄哩岸餐廳」李琇婷

「謝謝李阿姨，讓我們全家可以回金門過中秋節。」

「餐廳收了，大廚怎麼辦？七個員工的生計怎麼辦？」

「副院長說我做完化療，可以坐郵輪了。琇婷阿姨，我今年生病第四年了，這輩子還沒有出過國……。」

病房裡有很多故事，而北投「哄哩岸餐廳」裡的故事也不少。兩年前，李琇婷接手哄哩岸餐廳的經營權，最初的動機是為了讓好菜色不消失、讓店裡的員工維持生計，後來這間餐廳更成為她與父親實現公益、廣結善緣的平台。

哄哩岸餐廳負責人，同時也是臺安基金會董事的李琇婷，身為國內大企業東南旅行社的第二代，卻絲毫沒有架子。她傾盡一生心力投注公益，年輕時就在賽珍珠基金會擔任志工，幾年前更進而透過臺北榮民總醫院癌症病房得知病友的迫切需求，開始定期贊助罕見疾病基金會、骨肉癌關懷協會、癌友新生命協會、小胖威利病友關懷協會等，讓辛苦對抗病魔的大小朋友也能外出旅遊。

東南李清松總經理親自插的桌花，就擺在圓桌上。
無論大宴小酌，這裡都有一桌好菜等待著您的到來。

01

香傳不斷　傳續老師傅的好手藝

哄哩岸餐廳的前身為無菜單日式料理店，原由三位企業老闆合資成立，夜間營業作為私人招待所，經營二年後便決定歇業，店裡七名員工頓時面臨被資遣的窘境。李琇婷接獲消息時感到十分惋惜與不忍，便決定投入資金接手經營。她表示：「餐廳不以營利為主要目的，而是讓員工先保住生計，並且推廣料理，讓客人繼續品嚐到老師傅的好手藝。」

主廚許清雲自俏江南、大三元餐廳退休，七十歲的料理職人，每天從三芝騎著摩托車到哄哩岸餐廳上班，來回車程兩個鐘頭，風雨無阻卻從不以為苦。許師傅不但在廚房裡舉鍋揮鏟，返家後還提鋤種植無農藥蔬菜，顧客在哄哩岸餐廳品嚐到的地瓜葉、茭白筍、金針花，便是由許師傅親手種植、採摘、直送廚房料理，從產地到餐桌之間，在在蘊含著料理職人對食材的講究。

許師傅從十幾歲開始學藝，待過無數知名中餐廳，在他巧手下沒有做不出來的菜。「有次一位董事長來，直接開菜單，董事長點了什麼菜，許師傅就端出什麼菜！」李琇婷自豪地說道，許師傅不但能擺出一桌華筵，更擅長以最尋常的食材，做出令人唇齒留香的家常菜。上好的料理不一定得是魚翅鮑魚，每週來訪的東南旅行社李清松總經理，就很肯定許師傅煎的菜脯蛋。

01 哄哩岸餐廳創辦人李琇婷與主廚許清雲師傅。餐廳 Logo 是李琇婷以書法親筆書寫，呈現出濃厚的人文氣息。02 糯米椒牛肉在師傅帶著鑊氣的鍋勺中跳躍，翻騰食客味蕾。03-06 哄哩岸餐廳的人氣名菜 —— 芋頭米粉鍋、金沙軟絲、麻油松阪腰花、許師傅自種地瓜葉等等不勝枚舉，每一口都能嚐到健康與美味。

主廚許師傅十幾歲開始學藝，資歷豐富，
能將身經百戰的老師傅留在哄哩岸餐廳，堪稱老饕之福。

頂尖佳餚走入親民家常　暖胃也暖心

真正投入餐飲業後，李琇婷才深深體會在臺灣經營餐廳有多困難，臺北市餐飲多元，加上大環境景氣不佳，要永續經營不容易。幸好許師傅的招牌菜就是口碑保證，吸引顧客一再回訪，例如金沙軟絲、麻油松阪腰花、鮭魚炒飯、糯米椒牛肉、高粱香腸、自種地瓜葉、芋頭米粉鍋等，都是讓老饕盛讚不絕的佳餚。

問到餐廳的特色是什麼，李琇婷說，「我們選用好食材，成本相當高，就是要努力做到物超所值！」無論中午或晚餐、大宴或小酌、一個人或三五好友，只要推門走入哄哩岸餐廳，都能像回家一般，享受一頓溫脾暖胃的好菜。

李琇婷的兩個兒子皆是留學海外的行銷專才，「他們是我很大的後盾！」不但支持媽媽接手餐廳的決定，更從旁協助提供策略。起初他們站在市場角度，反映餐廳的原訂價不夠親民，經過一番調整，才使老師傅過往專掌高級中式料理的手藝，成為大眾負擔得起的滋味；菜單也重新設計成圖文並茂，並推出商業午餐，讓附近住戶或上班族都能享受美味又實惠的餐點。

經營的過程中，李琇婷自己也會捲起袖子，與員工一起洗碗端菜，「爸爸很捨不得，我說我點菜會點錯、收銀會算錯，只有洗碗不會出錯！」女兒一席安慰的娛親話語，逗得老父笑滿懷。留日說得一口流利日文、擔任過美僑協會秘書、語言能力及社交方面都深具長才的李琇婷，將人生觸角拓展到餐廳經營，能屈能伸，與兒子並肩學習著。

投身公益為人圓夢　有能力回饋即是福氣

以非本行之姿跨足外業，神手救援且經營得有聲有色，李琇婷肯定是遺傳了父親李清松的優良基因。李清松白手起家，從事紙張批發事業，40 歲時在因緣際會下，跨行旅遊業，秉持「用心服務、用情導遊」的理念，東南旅行社在他的經營下，成為旅行業第一品牌，更帶領員工們挺過金融風暴和 SARS 危機 。他穩健、踏實走過每一步，並把事業版圖跨足到金門，成立最大的民營高粱酒廠，堅持古法作好酒，金門皇家高粱酒，多年來獲得了金牌肯定！

01 為了幫癌症病友打氣，李琇婷頻頻進出病房，帶來歡樂，並提供必要的協助。02 擅長彈琴的李琇婷於公益活動場合演奏樂曲。03 臺北榮總骨科權威陳威明副院長與東南旅行社所提供的旅遊資源，辦理病童及家人出遊，陪伴無數家庭度過相互扶持的歲月。

能夠扛起一整間企業，必然眼界深廣、人生歷練十足，一以貫通李總經營處世之道的，或許就是「幫助別人就是幫助自己」的真誠信念，因此，無數年來，只要有機會，李總無不以本業所能而奉獻社會。震災期間，資助災區兒童暢遊關島，舒緩受難身心；聽說高麗菜滯銷，擔憂菜農蒙受損失，便協助農會認購 300 箱，轉贈客人及員工；想到音樂能撫慰人心，便把在國家音樂廳表演的「灣聲樂團」邀到病房演奏，腳偏鄉；贊助遊覽車、餐飲及住宿，讓花蓮水源國小學生赴臺北參加壘球比賽，不負眾望拿到冠軍……李總靠著拋磚引玉，也撼動了不少善心人士，與他一同行善。

與父親感情極好的李琇婷受此信念薰染，長年投入醫院的公益活動。父女倆一個出錢一個出力廣結善緣，不只提供物質支援，也給予精神上的陪伴與鼓舞，老父更成了眾多病童口中和善的「阿公」。每年三節李琇婷將魔術師與氣球造型師請來醫院，一一為近百張病床上的孩子表演，醫院主任和家長每每驚喜地告訴她，「第一次看到孩子們在醫院裡露出笑容！」除此之外，彈得一手好琴的她也會在公益活動場合小奏樂曲，希望以美好的樂音安撫受病痛所苦的心靈。

02

03

般若波羅蜜多心經
觀自在菩薩行深般
若波羅蜜多時照見
五蘊皆空度一切苦
厄舍利子色不異空
空不異色色即是空
空即是色受想行識
亦復如是舍利子是
諸法空相不生不滅
不垢不淨不增不減
是故空中無色無受
想行識無眼耳鼻舌
身意無色聲香味觸
法無眼界乃至無意
識界無無明亦無無
明盡乃至無老死亦
無老死盡無苦集滅
道無智亦無得以無
所得故菩提薩埵依
般若波羅蜜多故心
無罣礙無罣礙故無
有恐怖遠離顛倒夢
想究竟涅槃三世諸
佛依般若波羅蜜多
故得阿耨多羅三藐
三菩提故知般若波
羅蜜多是大神咒是
大明咒是無上咒是
無等等咒能除一切
苦真實不虛故說般
若波羅蜜多咒即說
咒曰
揭諦揭諦
波羅揭諦
波羅僧揭諦
菩提薩婆訶
願以書寫功德祈祝人人平安
乙亥新年
01

SET 東南旅行社
www.settour.com.tw
100
02

ONE SONG
ORCHESTRA
03

NIKE
04

李琇婷陪無數病友走過病中歲月，並且幫助他們圓夢，最令她印象深刻的，便是罹患骨肉癌的「阿布」。阿布發病時正值大學時期，為了對抗長在骨盆裡的惡性腫瘤，她經歷了十多次化療，承受長達十幾個小時的腫瘤切除手術，此後便需以輔具代步，過著「三個月一期」等待醫師宣判的生命週期。

李琇婷聽了阿布的故事之後心疼不已，想一圓她的夢，便帶著長期辛苦照顧阿布的父母親與阿布一起搭乘遊輪出國。她認為，「助人不光是給錢，更重要的是陪伴」，因此百忙之中不忘全程陪同，為彼此留下美好的情誼及回憶。樂觀堅強的阿布甚至以畫作及文字分享自己的抗癌心情，透過她的著作《即使被判出局，也要讓夢想回家》幫助了更多無助的病友，使他們相信「只要保持希望，一定能越來越好」。這讓李琇婷內心充滿萬般感動，而在相陪的過程中，自己也學會珍惜生命，轉念看人生。

01 願以書寫功德祈祝人人平安，字句之間展現李琇婷的慈悲心腸。02 東南旅行社李總經理長期施行公益，亦時常親力親為參與北榮義賣活動。03 將灣聲樂團的美妙音樂帶進病房，用音符減輕病痛所帶來的壓力。04 贊助花蓮水源國小學生北上參加壘球比賽，選手們也不負眾望拿到冠軍凱旋歸來。05 有李琇婷陪伴面對生命未知，阿布最後成為抗癌藝術家，將生命活力化為圖文，灌注在更多人的心田裡。

春
我們將盈餘
回饋給社會
哄哩岸
愛
病友聯誼會

一整面公益照片牆，宣示了餐廳將盈餘回饋社會的決心。

美食結合公益　化為最美的身心感受

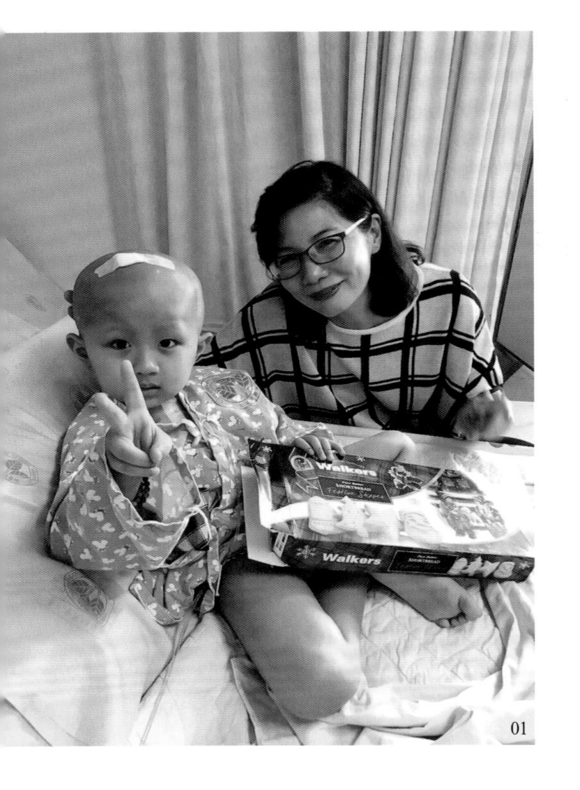

01

對李琇婷而言，哄哩岸餐廳不但傳續了老師傅的手藝、照顧員工生計，現在更成為親朋好友用餐的場所；若有來自世界各國的顧客來訪，說得一口流利外語的她還能親自款待，用美食與親切打下無懈可擊的國民外交。她曾對父親開玩笑說：「你以為我在開餐廳？其實我是在交朋友！」

除此之外，李琇婷也是一名書法老師，有天分也有苦練，曾與寫得一手好字的阿嬤、母親及兒子一同舉辦四代書法聯展，並定期將作品送至日本書會參加鑑定。她平日潛心練字，藉著抄寫心經與人結緣，修身養性之外，更以此傳遞善念，佈施「財」、佈施「心法」，也為人佈施「無畏」。從年輕時便投入公益，李琇婷總不吝將自身資源分享給需要幫助的人；走入人生下半場，理應享受清福、雲遊四海，但她仍選擇以公益作為餘生志業。

誠如美國文學作家瑞蒙・卡佛所言：「在人生巨大的疲憊痛苦面前，吃是一件很小，卻很美的事。」餐廳開業兩年以來，收支持平，李琇婷坦言，公益的部分其實都是自掏腰包，但她心存感謝，因此，願將餐飲美食化為「最美的感受」。穿梭在廚房與病房間，廚房這一端是熱鬧的人間煙火，病房那一頭則籠罩著寂靜的病痛陰影，而哄哩岸餐廳的存在，便讓生死之間有了一處安頓身心的所在。

01 柏鈞小小年紀就得了腦瘤，發病四年經歷無數次的開刀、化療、放療，於今年五月去當無病無痛的小天使了。02 大批採購滯銷高麗菜，維護菜農心血，東南同仁紛紛響應，一同認購。03 李總贊助機票，讓盲胞赴海外音樂演出。

經營哲學：

在大環境不佳時，餐廳能夠生存下來，是我們運氣好，所以要惜福。

成功心法：

食材要新鮮才對得起消費者，用良心來經營。

人生座右銘：

・心存善念，廣結善緣。
・施比受更有福。

哄哩岸餐廳

地址：臺北市北投區西安街二段 251 號
電話：（02）2822-7222
營業時間：週二至週日 11:00 ～ 14:30、17:00 ～ 21:30；週一休息
官方網站：asian-restaurant-334.business.site
Facebook 粉絲專頁：哄哩岸餐廳 Qilian Restaurant
Instagram：qilianrestaurant

官網

粉絲團

Instagram

數位教育領航員
科技讓升學變有趣

「百大朱希文理補習班」朱希老師

走進百大朱希，踩著輕快優雅腳步、身著淡雅套裝前來迎接的，是英文總監艾葳老師。艾葳老師有著甜美的笑容與清晰的口條，親和力讓人樂於接近。她笑著說：「等您見到朱希老師本人，就會發現他是一個非常自律的經營者。在他嚴格的要求下，我們的團隊都有一定標準的儀態與應對。」

朱希老師，是「百大朱希文理補習班」負責人，他的辦公室一角，一把民謠吉他、一幅書法字匾，想必是興趣廣泛、才華洋溢，這也不免令人好奇，是什麼樣的過往，引導他走上補習教育之路？

與生俱來的學習天賦　英語成為終身好夥伴

小小孩睜著骨碌碌的大眼睛，眼光投向醫生的工作桌。他看到醫生伯伯邊問診、邊在紙上振筆疾書，流利寫出一行行密碼似的長串文字，然後轉頭交給護士。「護士小姐竟然看得懂，還能幫我們配藥，當時我覺得，這真是太酷了！」朱希老師長大後才知道，那些神秘文字其實是以英文書寫的診斷內容，而這一幕烙印在幼時的腦海裡，啟蒙了他對外國語言的求知慾望。

朱希老師回憶，「我從小對於學習的敏銳度就比別人高。」國中二年級時，一個鄰居找了朱希一起上教堂，那裡有外國牧師為人免費上英文課，他便跟著傳教士學習。慢慢地，身邊朋友遇到外國人時，竟然都推朱希出面當翻譯，而他也沒有退卻推辭，「我想，這應該也是我從小所累積的語言細胞加上不斷的學習，所以我在唸書時，英文的聽說讀寫就比班上同學優異。」

01 百大朱希文理補習班教師陣容。02 補習班內營造明亮的讀書環境讓學生有舒適的學習空間。

各路英雄聚集　同籌百大教育事業

二十幾年的補教之路，走得專注而投入，朱希老師不是沒遇到過挫折，跌倒更是難免，但他說：「我這個人還有項不錯的優點，就是對於負面或不開心的事，不太會往心裡去。」舉凡身邊的人事物，他都帶著一股謝意，教學團隊、友班體系、家人朋友，甚至是當初一個人到臺中闖蕩，好心收留的房東，都是他長記感念的對象。「我很感謝他們一路陪我走到現在，這些信任我、支持我的朋友，都是我生命中難得的貴人！」

在教育的路上，不免會遇到質疑與挑戰，常常有人問：「開補習班到底是教育業？還是營利事業？」朱希老師的回答很坦白：「文教業也需企業化經營管理，它也是營利單位；但我們提供我們的辦學專業與資源，盡力讓每位學員與家長都能得到他們所期望的成果，這是再合理不過的消費行為。」

朱希老師本身是經營者，同時也是授業者，所以他對於備課及講課的品質要求都非常高。英文總監艾葳老師表示，團隊裡有許多老師，當初也是朱希老師的學生，求學時來兼職打工，畢業後就轉任正職，再經過汰選及培訓，現在晉身幹部，各自管理分校，成為百大資優教育集團裡的核心夥伴。

01 百大朱希補習班臺中清水旗艦校。 02 百大朱希補習班採用數位科技教學，跳脫以往的傳統教學模式。03 整齊明亮的辦公及接待區域，展現創辦人對品質的要求。

專業團隊傾力再造傲人榜單
連續5年教育會考錄取升學率第一寶座
會考滿分358人 前三志願897人
百大朱希補習班
清水旗艦校
國小安親/美語 國中高中
e learning 百大朱希補習班
狂賀
01

級分狀元
清水高中紀昊天同
過去8年，堅持只選擇 百大朱希
02

03

百大資優教育集團全體齊心，建立良善教育願景。

距離教育會考
還有225天
01

02

教育的迷人光芒　不只在傳道、授業、解惑

教育行業最迷人的地方，就是為師者所能給予的，不單單只是書本上的知識、或是協助學生用成績決定大考勝負，更是要擔任學生與家長溝通的橋樑，甚至要能夠成為學生願意分享心情的傾聽者。

艾葳老師感性說道：「在這裡，我看過一批批學生來來去去。當他們考上理想的學校時，我們與有榮焉替他們喝采；當他們遇到生活上的難題時，就傾盡所能去幫助他們。在我眼中，他們就像自己的孩子。」用愛做教育，這正是朱希團隊一直奉為圭臬的體現。

朱希老師表示，文教業有別於其他產業，需要花更多的心力去深耕，無法速成。做好一件事需要投注專業、做好教育需要投注關愛，所以團隊的核心價值就是「用心做事情，用愛做教育」，從對師資的要求、培訓、教材的選編，到各項軟硬體設施的配置，他相信，終會在學生們的表現上有所回饋。

01-02 師生共同努力，一起朝夢想前進。03 貼心為學生倒數大考日數，高掛牆上提醒考生加油。04 百大朱希資優教育集團教學課程全面且豐富，受助學子無數。

E-Learning　科技教學注入更多學習樂趣

呼應教育部 108 年課綱的主要核心理念，授課老師不該再用以往傳統的教學方式上課，必須跳脫老舊的模式，因為老師的眼界，決定了學生的世界！烏日分校陳興主任表示：「從前的教學模式，只要一發評量或考卷作業，固定步驟就是批改與檢討，但光是這兩件事就會耗費掉教學者與學習者相當多的時間，不僅沒效率，也不盡然有效。」

為了提升學習效率，百大朱希文理補習班啟用科技教學，導入診斷式教學系統。學員的評量檢測可以透過學習平台進行管理，只要在線上完成作業，家長也會同步收到批改通知。超高效率及便利性不僅有助親師精確了解孩子的學習狀況，還可以透過雲端連結進行親子共同學習。

在每一位學生進班前，團隊會先為孩子進行一項學習診斷，再安排最適合的班級。陳興自豪地說：「很多家長對於我們能做到這樣的細膩程度，感到非常驚嘆，但我們敢說，在百大朱希補習班裡，這只是標準配備！」教學數位化，讓授課者不再「憑感覺」指導學生，而是用精準確實的數據來個別協助每一位學員看到自己一步一腳印的學習歷程。

01

靈活應用電子白板融入教學，也是百大朱希文理補習班的另一個教學亮點。配合108課綱所強調的實作精神，運用在數理科目上，補習班以3D立體圖形、配合主題的影片教學，讓課程更豐富有趣，透過電子白板的學習體驗，更能彈性面對大考的多元考題。

眾所矚目的新課綱，要求學生將學習「知識」內化成「素養」，朱希老師認為：「在我們班群內，早已將這些生活化的素養一一落實在各科教務中，我們團隊所投入的心力與付出，絕不是一般人能想像。」若要細數已經準備好迎接108課綱的補習班，百大朱希一定當之無愧！

01 新的診斷式教學系統，評量檢測皆透過系統管理，學生在線上完成作業，家長也會同步收到批改通知。02 為師者不單單只是傳遞知識，更要擔任溝通橋樑，成為學生願意分享心情的傾聽者。

經營哲學：

財散，則人聚；財聚，則人散。

成功心法：

・用心做、認真做，就會有口碑。
・把時間花在哪裡，就會在那裡收穫。

人生座右銘：

凡事豫則立，不豫則廢。

百大朱希文理補習班（百大資優教育集團）

地址：臺中市南屯區大墩四街252號

電話：（04）2473-2225

營業時間：09:00～21:00

官方網站：www.joesenglish.com.tw

Facebook粉絲專頁：百大朱希補習班

官網

粉絲團

心肝寶貝的另一個家 —— 愛的寵物天堂。

在櫻花樹下的淨土 送牠走完最後一程

「愛的寵物天堂」黃安妤

或許牠只是您生活的一部分，但您，卻是牠的全世界，是牠所託終老的陪伴！

寵物在飼主心中不僅只是動物，更是至親的家人；然而再怎麼親愛珍寵，也難免要經歷生離死別。如何送寶貝寵物走最後一程，是每位毛小孩的爸媽都必須面對的課題。

「愛的寵物天堂」是臺灣寵物殯葬業的先驅，本著對生命的尊重，提供讓飼主安心、寵物安息的寵物殯葬服務，從入殮、火化及後續安置等服務，完全透明且完善，讓每個毛小孩都能有所善終。

成立十七年來，愛的寵物天堂服務無數客戶，其背後推手，就是將愛的寵物天堂從無到有一手規劃、執行的黃安妤董事長。

踏上陪著寵物走一程的奇幻之旅

出身基隆，黃安妤笑稱自己從小就是個「怪咖」。同年齡女生迷偶像、聊八卦時，她卻興趣缺缺，小腦袋瓜裡總有各種天馬行空的想法，和同儕搭不上幾句話。

小時候父親在基隆做生意，身為長女的她最喜歡替爸爸送晚餐。當爸爸休息用餐時，聰巧機靈的黃安妤就會「自動補位」，站在攤位前這裡摸摸、那裡碰碰，就像自己是個小老闆一樣。

離開學校後，黃安妤進入當時基隆最大的連鎖錄影帶店工作，勤奮好學的她一頭栽進工作中，活脫脫是個工作狂，短時間內就從基層一路躍升為董事長特助。當門市人手不足時，她也親上第一線支援現場，做得有聲有色，比門市人員更能言善道，她能文善武，習得一身面對顧客的好本領！

持續在服務業與管理者之間「練功」八年後，黃安妤求新求變的基因又蠢蠢欲動，因此她轉職挑戰當時很流行的「生前契約」事業，更在因緣際會之下認識了世昌客運董事長陳棋培先生。當時陳董也經營殯葬業，雖有意接觸寵物殯葬，但除了土地資源之外一切毫無頭緒，因此便讓黃安妤接手規劃、全權處理，就這樣，黃安妤踏上了這段奇幻之旅。

01 採光充足、環境淨雅的接待中心。02 園區內收編四十多隻浪浪，每隻都是心肝寶貝，黃安妤最大的願望就是所有的動物、寵物都能安養終老。

一步一腳印刻劃事業藍圖

剛接手經營愛的寵物天堂時，選址坡地仍是一片荒涼，黃安妤僅有三隻狗狗陪伴。她全心投入整頓環境、規劃服務流程，甚至客服都不假他人之手。不過當時民眾對寵物殯葬還很陌生，加上地處偏遠，位在剛開通的國道三號交流道旁，為了尋求突破，黃安妤在地方電視和高速公路做廣告，才漸漸打開知名度。

生命的消逝並不分晝夜，因此創業初期黃安妤幾乎全天候待命，電話隨時保持暢通，只要客人有需求，她便使命必達，無論何時何地都親自驅車前往接送，以服務人的規格服務寵物。她就這樣隻身一人校長兼撞鐘，直到第七年，才敢完全放手讓夜值同事輪班接手。

黃安妤秉持尊重生命、愛護動物與誠信原則，堅持服務過程全程透明，不但重承諾，用心與努力更獲得不少客戶的肯定。她力求突破與創新的想法也不斷在愛的寵物天堂中實現，不僅是走在開業前鋒的寵物殯葬業者之一，也是率先帶動環保葬的先驅。

在成立的第二年，黃安妤就跟上臺北市殯葬處正推行的環保葬概念，研究執行方式確定可行後，就將其應用在寵物殯葬業。為了與時俱進，她也建議減少焚香、心誠則靈，不僅讓寵物善終，也更符合現代環保趨勢。

尊重生命的心意也獲得新竹地區的動物保護團體、動物醫院合作，對於路死的流浪動物，公司提供公益服務，只要一通電話便以最快的時間趕到現場處理。黃安妤捨不得這些單純天真的動物們就這樣橫屍街頭或是被草率處理，因此她告訴自己：「只要自己有能力，一定要讓浪浪們也能善終！」

01-02 剛創立時只是一片荒蕪光禿的坡地，到如今井然有序，一草一木都可見黃安妤的用心。03-04 夏有桐花春有櫻，能在這麼一塊福地靜養，是一種圓滿的幸福。

SUNRISE

FAM LY & FR

一年四季萬千風情　打造寵物專屬的天堂

黃安妤常覺得，人類在寵物身上得到太多了，在牠們短暫的生命中，為認定的主人盡其忠誠、無怨無悔，十分偉大。因此她立誓要讓寵物們有尊嚴地離開，打造一個讓主人們可以平撫心境、放心追思的環境。

愛的寵物天堂佔地廣闊，剛好讓喜歡設計佈置的黃安妤一展長才。她將自己的創意展現地淋漓盡致，園區內無處不見其巧思，一年四季各有風情！春寒料峭之際，山櫻花開滿山頭；時序遞嬗穀雨，油桐花如五月雪般點綴著翠綠林間；豔陽盛夏，則是滿園的蒼鬱綠意……黃安妤以飼主的心情經營園區，總是設想著能讓寵物天使們安適的環境，為牠們打造一方往生後的棲身淨土。

01

除了禮拜堂、接待區之外，園區內還有樹葬、花葬區及三處傳統公墓。黃安妤為園區設定了階段性的目標，每個區域都親力親為逐步改善、調整，因此無論什麼時間造訪，總會有所變化，只要一個轉角，便處處有驚喜。

01 滿是花影樹蔭的園地，是寵物寶貝們安息的天堂。02 接待大廳裡，永遠有一盞燈為需要的人亮著。

01-02 回到大自然的懷抱， 樹葬與花葬是新近環保葬法，簡單亦不失隆重。03 卡片寫著飼主對逝去寶貝的思念，也感謝園方對寵物所做的一切。04 愛的寵物天堂 董事長黃安妤。

尊重生命收編浪浪　安身立命安養終老

秉持對生命的尊重，目前園區內也收養了四十餘隻毛小孩，相伴黃安妤渡過每一天。她有感地說，寵物殯葬業雖然處理嚴肅的身後事，但最欣慰的便是常有客人來跟她分享和寵物之間的點滴感應。

不論是生前已年邁不良於行的毛孩，在主人的夢中愉快地奔跑著；或是送行時百般不捨的寵物，帶著新朋友與主人在夢中相見，每每都是圓滿、溫馨的感人故事，也證明了她的堅持與努力，都是朝著正確的方向。

生命本該平等，不分輕重、沒有大小，熱愛動物的黃安妤慶幸自己投入這個行業，有機會能替動物們服務。她心中最大的心願，就是所有的寵物都能遇見疼愛牠的主人、都能有安身立命的家、都能安養善終，讓臺灣成為人與動物都能幸福生活的天堂！

04

經營哲學：

・用心之後要細心。
・賺取合理的費用，取之於社會，用之於社會。

成功心法：

・用心傾聽，瞭解客戶是服務業的基本。
・跳脫常態，用創新、創意取勝。
・設定合理的目標，以企圖心為動力。

人生座右銘：

海到無邊天作岸，山登絕頂我為峰。
——林則徐《出老》

愛的寵物天堂有限公司
地址：新竹市香山區五福路二段 1450 號
電話：（03）529-7230
官方網站：www.love-pet.com.tw
Facebook 粉絲專頁：愛的寵物天堂

官網

粉絲團

以使用者夢想為藍圖 堆砌美感設計空間

「肯星室內設計」曾濬紳

誰說實用就不能兼具美感？

年輕、陽光，國內外獲獎無數的新銳設計師曾濬紳，憑著多年所學所見的專業涵養，巧妙融合中西元素，讓風格與空間完美結合，將室內設計、軟裝設計、家具設計三方融會貫通。

室內設計是一組抽象的「十字線」，囊括了空間、家具、家飾與動線、使用、收納的縱橫，而兩線交會的中心即是「使用者」。對於空間的主人 —— 使用者來說，其需求有時難以一言而明，而「肯星室內設計」創辦人曾濬紳，便扮演其中串聯者角色，穿梭在空間美感與實用機能的各項細節間，將生活環境提升至更高層次。

01

十年磨得三柄利劍　從夢想淬煉強大的設計能量

「當我們面對使用者時，第一個要做的事並非研究空間，而是討論夢想！」曾濬紳常說，他所設計的並不僅是空間中的實質事物，更是使用者的心之所向；他想打造的，是身心靈所樂於寄託的一方天地。

深信每個空間都是使用者對於生活夢想的寄託，因此在設計之始的溝通過程當中，曾濬紳便是以他們對居住空間的想像為設計的出發點，將其萃取、凝鍊，進而運用在空間當中。

「想在使用者之前」，是一種心法。一個宜人的生活環境，需要巧思來醞釀，其中更不乏對於細節的極度堅持。曾濬紳知道，也許這些都不是業主當下能夠預想到的，「但這就是我們的專業所追求的目標！他們在使用過程中將會逐漸發現設計的巧妙，這才是設計師該領先走在使用者前一步的預設思考能力。」

若說十年磨得一柄劍，曾濬紳則是沉潛、砥礪近十年時間，由「室內設計」為根基，鍛造籌鑄而成「軟裝設計」與「家具設計」三柄利劍！他所創辦的「肯星室內設計」及精品家具品牌「Zengform」，秉持著比精緻更精緻、比創意更創意的設計

過程，從空間至擺飾一以貫之，每個作品都猶如一個有個性的個體，由外而內產生其獨特與不凡。

一體化設計的縱橫軸線　以空間使用者需求為出發

在臺灣，室內設計的競爭相當激烈，行家輩出、百家爭鳴，但也正因如此，肯星室內設計相當重視專業上的廣度和深度。建築設計出身的曾濬紳，在職業養成的過程中，體悟到設計並非單一的硬體組成，而是需要整體性的思維，應以生活的實際樣貌為本，而生活的全然樣貌，便應該符合人性需求，是一個空間上的有機體。

曾濬紳表示：「除了室內設計領域外，肯星更跨足軟裝設計與家具設計兩個不同層次，有助於站在整體面與使用者溝通，並進行主軸連貫的規劃設計。」無論是硬體材質的銜接細節、設計線條搭配延伸，軟裝設計的光影氣氛、點位投射的視覺效果，家具設計的崁接布置、媒材厚薄的運用……都是曾濬紳致力著墨的細節。

01 在這個屬於自己的空間裡，您的夢想是什麼呢？ 02 符合人性及使用習慣的軟裝設計，讓家更像個心靈的棲止空間。

01

03

04

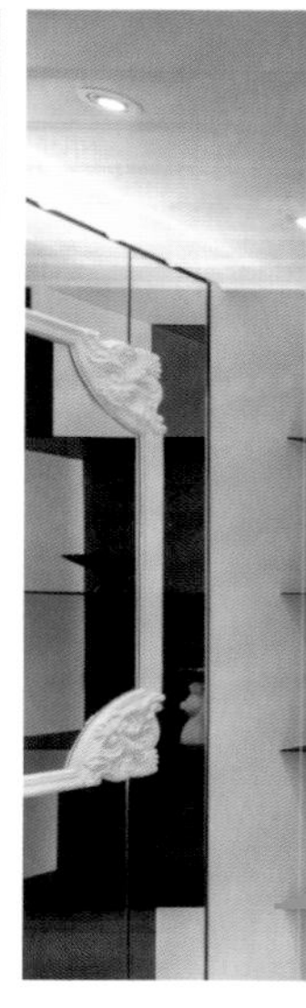

01 長六角型的磁磚完美地結合溫潤的人字拼，帶出美式空間的復古溫馨。02 純淨的髮廊～運用泡泡燈帶出夢幻氣息。03-05 運用簡潔的純白立體造型紋路，用以凸顯古典氣息的優雅質感。加上紫色穿梭點綴其中，顯現出高貴的法式浪漫氛圍。

01

在反覆運思與溝通之間　勾勒以人為本的軟裝設計

肯星室內設計的眾多作品中，軟裝設計一直是曾濬紳相當重視的一環，但，何謂「軟裝設計」？

它可以說是一種人人皆可執行，但卻不知從何剖析的抽象設計概念。軟裝設計比起室內設計更難以被具體描述，但它卻是如同空氣般存在於每個空間、每個氛圍、每個人的生活周遭。正因隨處可及，卻又相當抽象主觀，因此更難以將它明確地描繪、陳述給使用者理解，這也是這一門學問的艱深之處。

肯星室內設計的草創時期，多半運用藝品與畫作的擺設勾勒空間設計風格，但在曾濬紳心中總會不斷自我挑戰似的反問自己：「為何放在此處？」、「為何朝向此方？」、「為何選用此色？」他認為，藉著這樣的反覆運思，才能讓設計有所本。唯有清楚脈絡之後，才能夠逐一突破使用者固有的想法與心中的疑慮，進而溝通出軟硬兼容的設計方案。

01-03 肯星設計所規劃的收納空間，善用空間魔法，兼顧實用與美觀。

設計的導引　來自對母親及大師的孺慕之情

「設計需要很強的邏輯根基，而成功的設計需要結合相當的美感以及對細節的堅持。」曾濬紳說道。自小醉心於積木玩具的他，在每一次堆砌與解構中，鍛鍊著空間點線面的思考邏輯、觀察事物的好奇心，以及拆解組裝的興趣。

影響他甚鉅的母親紀淑芬則是一位聰慧又極富理性的女性。從小父母親的言教及身教，促使曾濬紳在白手起家創辦肯星設計的路途上，得以擁有凡事盡力認真的態度。面對問題的堅強以及理性思維，是家人賦予他的最大資產，亦是他的榮耀，相對地，曾濬紳也希望能靠自己的努力，有朝一日成為家人的榮耀。

02

03

而提起另一位令曾濬紳崇拜不已的人物，就屬在室內設計領域相當知名的英國設計師 Kelly Hoppen。曾濬紳眉飛色舞地說：「她真的很厲害！不僅室內設計、家具設計，甚至連燈具設計，也都是業內數一數二的指標型人物。我每天一定都會關注她的 Instagram，追蹤她的作品與生活，希望能夠向她看齊，成為像她一樣優秀的設計師！」提及這位偶像，曾濬紳的眼神瞬間從敬仰父母親的內斂轉換成一個興奮不已的大粉絲。

01-03 一樣的機能空間，有著不同的風格，皆代表主人的獨特個性。獨一無二的作品，也展現出肯星室內設計以人為主體的設計功力。

01-02 亞洲百大設計師義大利 Domitilla Lepri 與曾濬紳共同開設全案設計演講。03 肯星室內設計創辦人 曾濬紳總監。

踩穩設計縱橫軸線　換位思考打創夢想藍圖

浸潤在創作能量豐沛的狀態中，曾濬紳是如何保持創意不輟？又是如何將受託的空間打造成內外表裡均宜人的空間？

他回憶：「曾經有個身障單位，邀請我們去做教學，分享如何上油漆、自製馬賽克圖畫。本以為是我們在付出指導，但殊不知，透過這一來一往，反而是他們給予我們更多良善的回饋。」也許這些事物對於經營事業及設計本身都沒有太多的幫助，卻能促使團隊更加懂得人性、更加願意換位思考，從更多元的角度去關心使用者真正想要的事物和需求。

「我始終相信，努力到一個程度就會散發出一個強大的信念，且被身邊的人所感受。每個使用者的反應都能夠忠實呈現設計者的成果。」曾濬紳謙稱肯星室內設計目前仍在茁壯的階段，他期許自己與團隊能穩健地在他所規劃的縱橫軸線上，一筆一畫勾勒出一頁又一頁名為夢想的設計藍圖。

經營哲學：
不需害怕從 365 行中切出一條尚未存在的行業，因為這表示你已經成功了一半。得到最多的，永遠是站在最前面割稻的那個人。

成功心法：
發現問題、思考方法、解決問題，使用者未能發現的事情，就是我們更細心追求的目標。

人生座右銘：
極限的追求，是細節的起點！

肯星室內設計
地址：臺中市西屯區福順路 227 號
電話：（04）2463-0665
官方網站：www.kensing-design.cn
Facebook 粉絲專頁：肯星室內設計

官網

粉絲團

Instagram

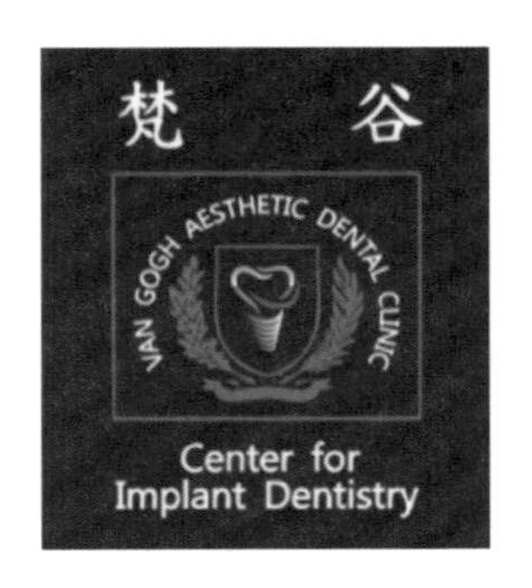

以美學為起點 手執畫筆與手術刀的藝術家

「梵谷美學牙醫診所」黃國光

畫家梵谷曾言：「對我來說，沒有什麼是我能確知的，但是映入眼簾的星星，總能引發我的夢想。」這位瘋狂的畫師，將漫天星斗繪入畫作，每幅作品都是他的夢想，也是他對生命的熱情與瘋狂。

熱愛藝術的黃國光醫師，也在生命的星空夜幕裡尋覓唯一執著的閃亮，最後終於摘下屬於自己的夢想，成為一位懸壺濟世的牙醫。

可貴的是藝術初心不曾消逝，而是以另一種溫柔的姿態悄然埋進心中，創立「梵谷美學牙醫診所」，無形地傳遞堅持完美的專業態度。

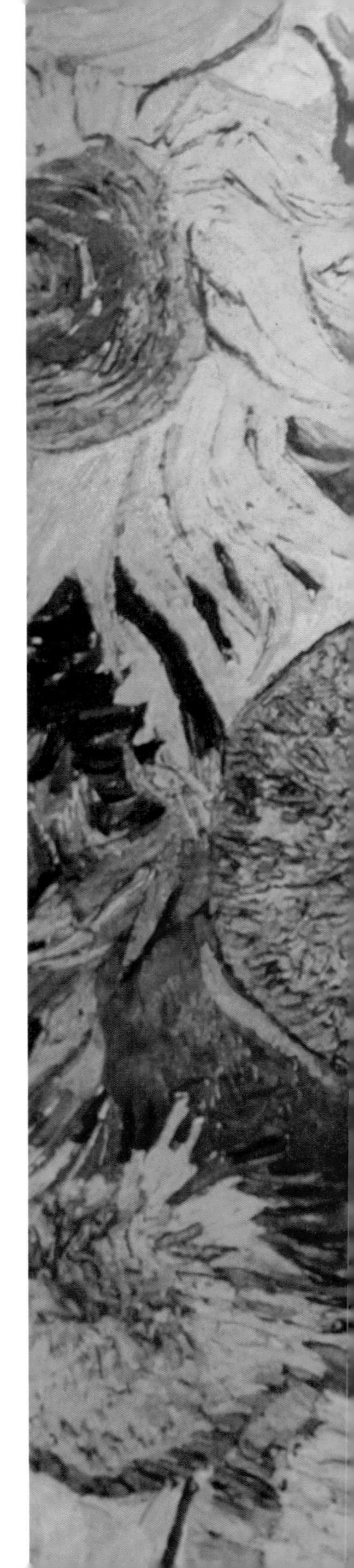

梵谷美學牙醫診所 黃國光醫師。

走入杏林的藝術家　不因夢想遙遠而裹足不前

生長於澎湖漁村，黃國光自小受父親影響，求學生涯孜孜不倦提升學業；而課餘時間則培養自己的藝術興趣，學習繪畫與音樂。聯考那年，黃國光在對藝術的憧憬下報考了美術學校，更憑藉優異的成績，同時錄取警官學校、電腦資訊及牙醫學系，在長輩的建議下，最後選擇進入國防醫學院牙醫系就讀。

「那時對牙醫是很懵懂的，完全沒有概念。」黃國光回憶選擇志向那年的心境，他說：「也很感謝從小許多師長在藝術方面的教導，牙醫其實非常需要美學的概念，才可以讓病人有更美好的樣貌。」

大學期間除了不斷累積牙科專業知識，黃國光更萌生了不一樣的想法。「如果牙醫師只侷限在簡單的看診，而沒有積極做點什麼，總覺得缺少什麼東西⋯⋯。」有感於臨床上常見病患因缺牙所苦，黃國光決定進修碩士並受傅鍔主任教授的指導，取得三總碩士學位及考取當時競爭激烈、歷屆僅個位數名額的的牙周病專科醫師證照。

爾後赴美進入知名 Loma Lina University 及醫院臨床深造，他選擇專研人工植牙技術；後至德國法蘭克福大學及海德堡大學進修，「那時對追夢還沒有什麼特別的想法，但是很奇怪的，在國外念書時，發現原本看似遙遠的事情，都因為不斷努力而成真了。」原來挫折與困境更能體現越挫越勇的毅力，黃國光目光炯炯地說：「不要因為夢想遙遠就不去嘗試，你沒有做夢哪來的機會？」

01

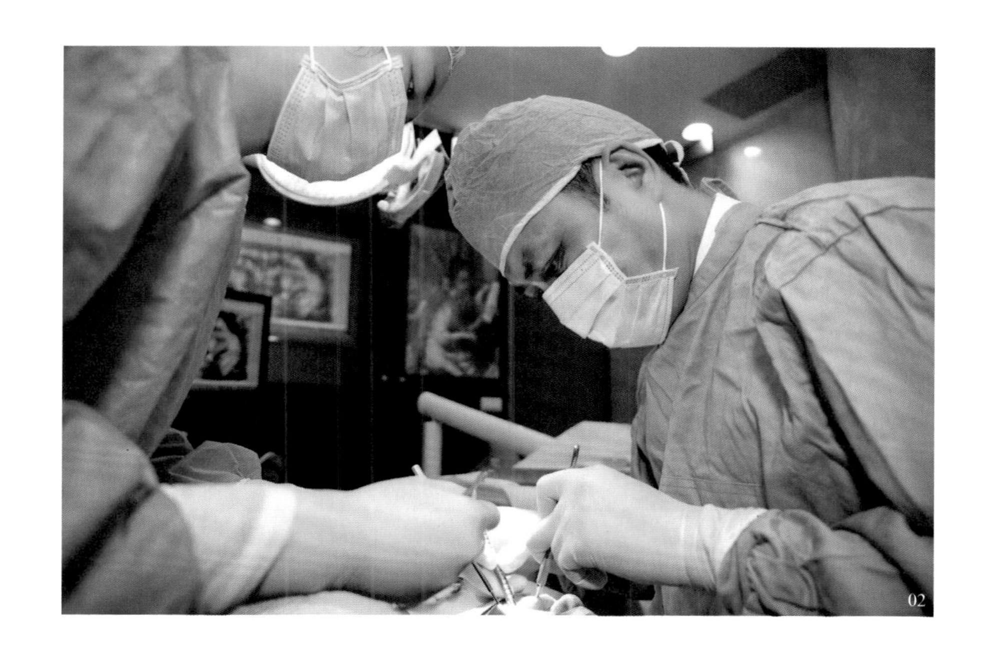

以梵谷之名創業　如對待藝術品般堅持完美

歷經醫院體系長達 20 年的磨練，期間亦陸續取得三總及北醫雙碩士及多張專科醫師證照，黃國光決定創辦自己的診所，他說：「在醫院累積扎實的專業能力後，對牙周病及人工植牙更為專精，各種高難度手術也得心應手。」為落實更好的醫療品質及服務，他增添了許多高科技設備，並打造舒適的就診環境，成立梵谷美學牙醫。

身為牙醫師，黃國光也從未忘記打從心底對藝術的喜愛，創業的診所便以他所欣賞的畫家「梵谷」為名，亦期許自己對待病患所託，就如同藝術家對待藝術品般完美堅持。「行醫是良心事業，我這輩子做牙醫都是戰戰兢兢。」黃國光說道，「病人雖然看不見自己牙齒的內部細節，但我必須對他們負責，完美要求每個步驟。」

回想最初創立診所遇到的難題，黃國光說：「我們從醫院出來的，都是做研究的背景，一開始創業比較難習慣商業化的經營模式，這需要靠經驗摸索。」而牙醫師的養成過程中，每顆牙的治療方式均不相同，都是技術上的考驗。「這十多年來我始終在讀書，到現在都還是，在各方面務求不斷精進、保持專業。」

01 開闊的候診空間，讓病患放鬆心情，舒適等候。 02 黃醫師專注執行手術，力求完美。

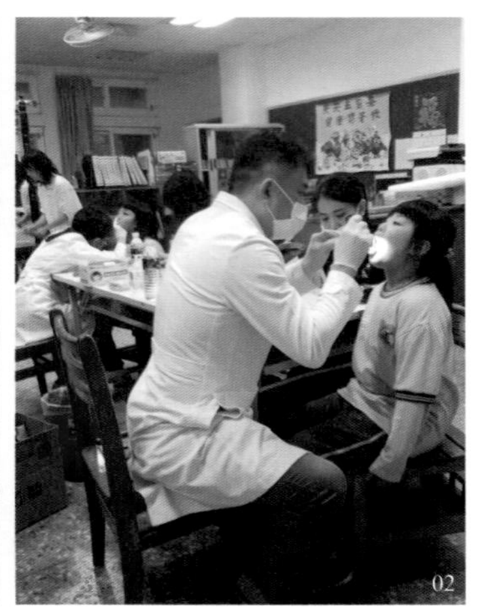

專業分科　力求完美與精緻

在梵谷美學牙醫裡，有牙周專科、矯正專科、植牙專科及家醫專科等各門專業分科。「在我的診所裡，專業是受尊重的，因為每位醫師都是刻苦勤學過來的。」黃國光說：「我不追求開設連鎖診所，如果無法掌控醫療品質，那還不如專注發展自己眼前的就好。」

每當療程完成後，黃國光都會請病人查看牙齒術後的模樣，他說：「我們以誠心相待，除了自豪於自己的能力外，更重要的是讓客人相信醫療團隊。」從簡單的補牙到高難度的全口重建植牙、骨引導再生等齒科手術，每一刀骨頭切型與補骨方式，還有縫合的細密度，對黃國光來說都是一件力求完美與精細的雕塑作品。

專注與耐心，使病患對黃國光感到信任，因梵谷美學牙醫的好口碑而堅持前來看診的患者不遠千里，從金門、澎湖甚至香港都有，「對待病人盡心盡力，他們自然會感受到醫師的關懷，這樣的溫暖他們也接收得到。」黃國光如此堅信著。

01 護牙從小做起！為小朋友做好口腔衛教，是黃醫師的使命之一。02 南美國小口腔義診。03 黃醫師（左二） 與國際牙周及植牙領域大師 Dr. Boyne 合影。

滿足與成就　來自病人的燦爛笑容

「只要給病人一口好牙，來自病患的感謝就讓我覺得很幸福了。」憶起曾與病人們的溫暖互動與回饋，黃國光嘴角微微上揚，抑不住打從心底的感動，「我的滿足很簡單，成就感都來自病人臉上高興的表情。」接手過許多困難棘手的病例，他總是竭盡全力、傾盡專業使病人重展自信笑容。

曾有位八旬老翁前來求診，黃國光回憶：「老伯伯剛來的時候看起來很瘦弱、營養不良，他因沒有牙齒而影響生活品質，痛苦不堪，希望仍能暢快品嚐美食。」評估患者的身體狀況後，黃國光決定進行植牙手術，「老伯伯能夠順利咀嚼後，營養吸收變好、心情放鬆，我也因此充滿成就感。」

對於前來求診的患者，梵谷的醫療團隊總是宣導至少每半年要看診一次，除了為病人治療牙齒問題，更強調預防的重要，並糾正過去的錯誤觀念。「預防重於治療，這是相當重要的，現在我們能夠幫忙重建、修補牙齒，可是未來仍需要病人配合，養成正確的刷牙習慣，不然終其一生都在治療牙齒，這實在太辛苦了。」

03

01 黃醫師（右） 與植牙大師 Dr. Kam 合影。02 黃醫師於西安骨引導手術中演講，分享專業。03 黃醫師（左）與衛福部長陳時中先生合影。04 黃醫師擔任桃園市牙醫公會新任理事長，交接典禮合影。05 專業與用心，是梵谷美學牙醫診所黃國光醫師的經營理念。

醫師資歷：

梵谷美學牙醫診所院長
桃園市牙醫師公會理事長
國防醫學院牙周病碩士暨部定講師
三軍總醫院牙周病科主治醫師
美國 Loma Linda University 人工植牙專科醫師
中華民國植牙醫學會理事暨專科醫師
中華民國家庭牙醫學會專科醫師
臺灣牙周病學會專科醫師
臺灣美容植牙醫學會專科醫師
台北醫學院雷射應用碩士
臺灣國際植牙醫師學會人工植牙專科醫師
美國骨整合會會員

榮登牙醫公會理事長要職　視扶助弱勢醫療為己任

求學時期、醫院服務期間、乃至醫師公會的歷練，都使黃國光更深刻體恤到弱勢患者的需求，「如果我一開始就埋頭在診所、完全不管診間以外的事，大概就永遠也不會知道外界的需求了。」

身為牙醫的使命為何？「雖然牙醫師無法救命，但我們卻能將牙齒顧好，延長人們的壽命。」黃國光說道，公會未來將從小學生開始，教導正確護牙觀念；在老人關懷上，目前已有提供居家看診服務，協助癱瘓與中風的患者照顧口腔健康。

於桃園市牙醫公會服務十餘年，黃國光今年當選理事長。站在領導之職，未來將會更加關注弱勢、長照還有醫療資源缺乏的地方，希望能在擔任重要職務後，著手醫療資源整合並加強與國際間醫療學術交流，帶領有志一同的牙醫師們完成更多有意義的貢獻。

05

經營哲學：
勇敢做夢，不斷學習創新，決策謹慎評估。

成功心法：
帶人要帶心，人性管理、真誠服務，將專業技術差異化，設備提升創新。

人生座右銘：
待人真誠、廣結善緣。

梵谷美學牙醫診所
地址：桃園市龜山區南祥路 85 號
電話：（03）322-8818
官方網站：www.vangoghdentistry.com.tw
Facebook 粉絲專頁：梵谷美學牙醫診所
Instagram：vango_huang

官網

粉絲團

Instagram

永恆時光中跳躍的玉兔
一筆一畫續寫臺灣文化脈絡

「玉兔文具工廠」唐鏡川

「玉兔文具」創始於 1947 年，時至今日已走過一甲子又十餘年歲月，產品上飛躍的兔子 Logo，堪稱臺灣四、五、六年級生的共同回憶。

這隻國寶級玉兔縱身一躍，躍過戰後的百業待興，躍過臺灣農工商業時期，再躍入科技時代，然而在資訊革命衝擊下，文具產業逐漸式微，一根纖細的木頭鉛筆，將如何擺脫夕陽產業？如何續寫公司的未來？又將如何跳進下一個美好世代？

01 位於宜蘭五結鄉的玉兔文具工廠。02 黃桿紅頭的 88 鉛筆是許多朋友兒時的成長回憶。03 F220 原子筆，堪稱臺灣劃時代的文化象徵。

工業生產背後的人文情懷

1950 年代至 1970 年代，臺灣邁入工業化社會，玉兔牌搶占先機成立文具工廠，並且陸續推出經典的「黃桿紅頭」88 鉛筆以及「黃桿藍帽」F220 原子筆，奠定玉兔牌在臺灣文具產業的地位。「玉兔文具工廠股份有限公司」董事長唐鏡川回憶，「玉兔文具成立之時，就連經濟部長都來參觀，想了解什麼叫工業化。」

唐鏡川為玉兔牌第二代接班人，曾任職於德國「赫斯特」化工公司。1981 年他在第一代創辦人的徵召下回歸家族事業，一肩擔下復興玉兔文具聲望的使命，唐鏡川堅毅地說：「經營者，頭在中間，左肩是股東，右肩是同仁，我的責任是挑起兩邊，這是經營者該有的態度。」

「原子筆是我們命名的，只有臺灣叫原子筆，在中國則是叫圓珠筆。」唐鏡川表示，二戰後「原子」一詞予人先進科技的印象，所以許多物品都以此命名，玉兔牌更推出臺灣第一支原子筆。「這支原子筆不但可以用來寫字畫畫、掏耳朵止癢，甚至還能檢驗身分！」幽默的唐鏡川半開玩笑地說：「我跟海巡署的人說，抓偷渡客時，可以拿玉兔牌原子筆問對方這是什麼？如果講的不是原子筆可能就是偷渡客！」

當時臺灣沒有進口原子筆，玉兔牌賣得便宜，就算外商進來也得不到利潤，此舉保住了臺灣的原子筆市場。後來玉兔牌也因應學生需求，開始生產黃桿紅頭的 88 鉛筆，這項經典商品更成為數個世代的集體記憶，陪伴了無數學子度過紙上簌簌飛奔的書寫歲月。

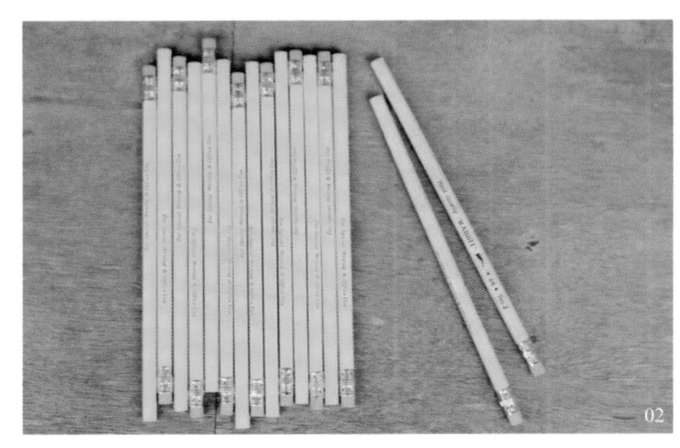
02

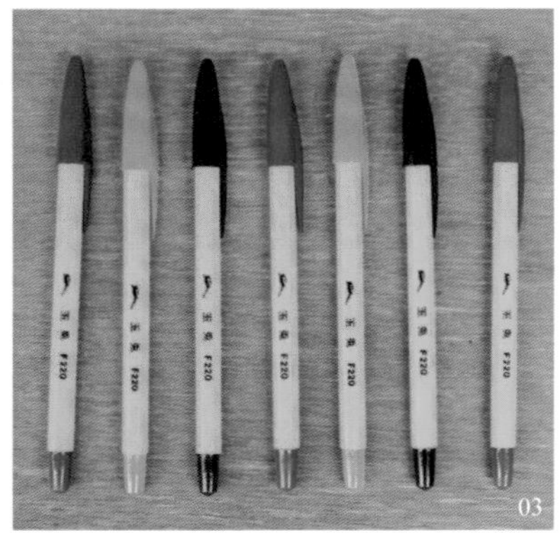
03

01-02 玉兔牌的各項歷史產品。03-04 玉兔文具工廠完整保留了老廠房，並對外開放導覽，讓大家一窺傳統工廠的生產線。05-06 鉛筆的削尖與塗頭製程。昔日工廠裡的作業流程，今日都能在現場看得到。

因破裂而留下軌跡 —— 筆芯裡的人生哲學

藝術家以鉛筆速寫浮光掠影；建築師以鉛筆構築房屋藍圖；工程師以鉛筆描繪機械結構……，如今電腦文書、繪圖幾乎取代握筆的手感，鉛筆手稿甚至成為「文化資產」一再地重現於展覽場合。當我們欣賞這些手稿時，我們欣賞的是一個人觀看世界的方式、運筆當下的心情以及字斟句酌間的推敲思辯痕跡。

「由此可知，所有創意都是從鉛筆出來的，鉛筆的痕跡可以塗改，因此思想可以重新組合。」唐鏡川從一枝鉛筆，帶入自己所觀察到的人生哲學：「鉛芯是很謙卑的，鉛筆之所以能寫能畫，是因為鉛芯破碎在紙上，留下了痕跡，讓你用力也好、輕巧也好，寫下你的心境和創作。」鉛筆的痕跡最易抹去，卻也最容易重新創造，因為如此，使得鉛筆的存在難以被歷史磨滅。

根留臺灣　以人為本產業轉型

1990 年代臺灣出現產業外移風潮，不少傳統工廠遷往中國發展，玉兔牌第一代創辦人為了維持生產品質，決定根留臺灣，「Made in Taiwan」更是玉兔文具至今不變的堅持。

2008 年時政府推動「2.5 產業」政策，鼓勵傳統工廠轉型為觀光工廠，亦即從工業生產轉向以人為本的觀光服務業，位於宜蘭五結鄉的「玉兔文具工廠」便因應趨勢，轉型為「玉兔鉛筆學校」。

「以前工業講究生產報國、以廠為家、提高生產效率，現在改成觀光工廠就不一樣了，服務業講究的是人的氛圍。」唐鏡川說，不少觀光工廠的經營方式以娛樂和消費為主，無法在顧客心中留下深刻印象，而玉兔牌轉型之初即瞄準自身定位，強調文化傳承、品格教育和團體學習。

讓文具領你走進兒時記憶的時光隧道

玉兔鉛筆學校內還保留了傳統工廠的生產線、文物設備以及日式建築物，教室裡矮矮的木頭課桌椅、佈告欄、牆上的國父遺像等，喚醒大朋友們的小學記憶，有如走入時光隧道。

「科技淘汰生活型態，文具卻能在大眾心中留下無盡的況味。」唐鏡川說，曾有年長的宜蘭在地人告訴他，小學畢業縣長獎領到的獎品，就是一支玉兔牌鉛筆，眼前不起眼的鉛筆，卻是對方心中的珍貴回憶；也有年輕旅客因為喜歡文具工廠的氛圍，帶父母及朋友一再造訪。

「曾有股東質疑，等到全臺一半以上的人都來參觀過，玉兔文具工廠不就要關閉了？」唐鏡川卻不這麼認為，三度造訪的年輕旅客更帶給他不小鼓勵。

日本社區設計師山崎亮曾點出社區營造的關鍵，在於「不是打造出只讓一百萬人來訪一次的島嶼，而是規劃出能讓一萬人造訪一百次的島嶼。」這與唐鏡川的經營理念相呼應，他希望旅客來到鉛筆學校，能感受一地之生活文化與空間氛圍，並且產生共鳴，進而願意一再造訪。

深耕教育以文具樹人　續寫老臺灣文化記憶

玉兔牌不僅長年耕耘文具產業，更體認教育的重要性，積極投身社教文化事業。

早在 1960 年代，玉兔牌創辦人便設立「滿庭芳幼稚園」，藉此實踐社會責任，而百年樹人的教育精神更延續至玉兔鉛筆學校。唐鏡川說，少子化的年代，獨生子女更多，因此團體生活、與人連結的能力將是未來孩子所面臨的巨大課題，而玉兔鉛筆學校開設的團體課程，有如社會雛形，藉此培養孩子的團隊精神和領袖能力，在互動間收寓教於樂之效。

唐鏡川還回憶，玉兔牌創辦人曾獲邀投資成立一間專科學校，第二次開股東會議時校方拍著胸脯對他們說：「你們放心，保證投資三年就能回本！」但玉兔牌卻因為校方的這一句話，決定撤資 ——「不是說要辦教育嗎？三年回本？那根本是學店！」

玉兔文具一筆一畫寫下臺灣的經濟發展史，如今的玉兔鉛筆學校，更希望保留文化記憶，營造懷舊動人的空間氛圍，感動一路相伴的旅客，也吸引喜愛懷舊風格的年輕旅客願意一再來訪。七十餘歲的玉兔牌文具不但挺過最艱難的時刻，更跳出文具產業的舒適圈，以創新精神迎接資訊革命帶來的衝擊，走出一條自己的路。

背上玉兔書包，來鉛筆學校就是要好好玩！

經營哲學：

消費者導向就是客製化，發揮創意找出讓消費者心裡癢癢的東西。連他自己都不知道，你卻能為他設想好，並且設計出來，這就是創意！

成功心法：

· 誠信立業。
· 經營者的眼光，就像登高看山脈的趨勢。唯有攀到最高峰，才看得見山脈一巒又一巒的層遞。

人生座右銘：

喜樂的心是良藥。

玉兔文具工廠股份有限公司（玉兔鉛筆學校）

地址：宜蘭縣五結鄉中興路三段 330 號
活動預約專線：（03）9653670#88
營業時間：08:30 ～ 17:30
活動開始場次：09:00/10:00/13:00/15:00
官方網站：www.rabbit1.com.tw
Facebook 粉絲專頁：玉兔鉛筆學校

官網

粉絲團

擁抱山海
拖著露營拖車旅行臺灣

「可樂屋露營拖車」

拖著露營拖車，主演一部屬於自己的公路電影。在天光傾瀉中醒來，駛過蔚藍的海岸線公路；在巍巍雪山旁醒來，穿過霧靄繚繞的山林；在稻香漫漫中醒來，行過鬱鬱蔥蘢的四野……，帶著行臥起居的一方天地，四海遨遊任我遠行。

「可樂屋露營拖車」創辦人龔德義綽號「可樂」，是個勇於挑戰的熱血男子，玩過吉普車、水上摩托車、哈雷機車，還曾一群人挑戰騎著水上摩托車到澎湖。十七歲時第一次露營，從此就愛上擁抱山海。他將興趣結合工作，與妻子廖文翎一同創業，龔德義期許自己在不久的將來，能在臺灣的露營拖車市場中佔有一席之地！

01 可樂屋生產的露營拖車，顏色、內裝皆可依車主自由選配，色彩繽紛。02 露營拖車交車後，可樂與車主們也都保持聯絡，並時常相約一起出門露營。

02

以勇於挑戰的心　打造適合臺灣道路的露營拖車

「露營二十幾年了，發現臺灣隨處都有迷人風景。有時想要擁抱美好景色野營一宿，卻少了水、電等生活所需的資源……。」身為資深露友，可樂有感於野營時的不便，憑藉對車體結構與材料的了解，決定踏入露營拖車產業。回憶自己的第一台露營拖車，從設計到成體就花了近兩年的時間。

以往的露營拖車從外國進口居多，而法律規範 750 公斤以下屬於輕型拖車，掛牌後就可以直接上路，可樂說道：「但進口的拖車重量很少在 750 公斤以下，所以買一台進口露營拖車除了價格不菲，車主還得去考露營車駕照，導致國內車主較不容易入手露營拖車。」他多方考量臺灣法規、道路狀況與國人的使用習慣等因素，就是為了讓設計出的露營拖車更普及。

可樂屋的露營拖車以一般小家庭為設計標準，拖車頂棚升頂後，內部為雙人床的上下鋪設計，四扇防蚊的窗戶幫助車室空氣流通，甚至還有電視及冷暖氣機。「臺灣低海拔地區一年有過半時間是需要冷氣的，但家用冷氣都是 220 伏特電壓，所以從日本進口電壓需求 100 伏特的變頻分離式冷暖氣機，只要一般發電機就足夠了。」

每台拖車都有四十公升的水箱與交直流電箱，車外則有小吧檯、隱藏式流理檯與煮爐，側邊有收納式遮棚與淋浴設備，可透過車上的熱水器供應冷熱水，車主野營時只要加掛外帳就可以舒適沖澡。可樂自豪地說：「你會發現我的露營拖車尺寸不會太大，而且麻雀雖小五臟俱全！」對於露營拖車生活機能的提升，他可說是費盡了心思。

設計周到　降低野營偶發風險

臺灣擁有眾多中小企業、衛星工廠，也造就了適合創業的環境，可樂說道：「設計一款露營拖車，有很多零件是公規性商品，零件的開模製造在臺灣相對簡單，較難的是拖車底盤的結構與整合。」

露營拖車出廠後必須符合政府的法律規定，受交通部認證才能到監理站領車牌上路，而可樂屋的露營拖車在交車前，認證與領牌等程序都會貼心地幫車主辦好，但可樂還是建議有意購買露營拖車的車主：「前面拖曳的車子建議至少要有 2000CC 以上的馬力跟 35 以上的扭力。」

01　02　03

總是為車主著想的可樂，在設計時也注入許多巧思，例如車室門上的門鈕。鋁製車門卻選用塑件門鈕，可樂解釋：「當然也可以設計一體式的金屬門鈕，但顧慮到出門在外難免遇到車門損壞，如果因為一副門鈕而需替換價值上萬元的車門，那也太不划算，況且，野營時哪有辦法即時更換整扇門？」

所以他設計一個 86 元就可購得的可拆式塑件門鈕，讓車主隨時都能自行拆卸更換。另外，可樂也不忘預留第二道「防呆措施」，例如車頂棚的自動升降裝置故障時，還是可以手動控制，交車時也會教車主簡單的故障排除技術，降低在外行車野營時偶發的風險。

目前可樂屋的產能是一個月生產四台露營拖車，現階段給自己的目標則是定在四周內量產七台。可樂深信口碑是一點一滴慢慢建立的，他說：「當車主發現拖行過程有一定的安全感，而且拖車本身讓車主有物超所值的感覺，每產生一位車主等於多一個朋友！」

01 露營拖車符合臺灣氣候，內部有小型冷氣，天氣再炎熱也不用擔心睡不好。02-03 上下舖設計，適合一家大小出遊露營。
04 隱藏式流理檯與煮爐功能齊全，使露營活動更輕鬆愜意。

男主設計，女主行銷　共創市場新藍海

可樂主導露營拖車的設計與產製，妻子廖文翎則負責公關與行銷，兩人從零開始慢慢摸索，中間難免偶有摩擦，廖文翎說：「剛創業時資金壓力在所難免，我的個性又比較保守，認為錢要花在刀口上；但可樂覺得是投資、開發，比較敢花錢，而這也是共同創業者必須找到平衡的問題。」

「幸好可樂屋的露營拖車廣受歡迎，車主們也間接幫我們宣傳，所以創業後銷量成長還算不錯。」廖文翎說道。甚至每當參加車展時，現場解說最熱烈的都不是公司人員，而是許多車主自告奮勇來幫忙，以愛用者的身分向參展民眾熱心推薦。

聰明的廖文翎也發現，「客戶想訂購露營車，其實決定權都在家中掌握財政的太太身上，如果太太說不行，那可能先生就要失望了。」所以她的角色就是說服來參觀露營拖車的「財政部長」們，讓太座覺得露營拖車簡單好用，而且全家人一起野營是件幸福快樂的事。

01 可樂屋露營拖車創辦人龔德義（可樂）與妻子廖文翎。02 可簡單收納的遮棚設計，讓外出野營不畏風吹日曬雨淋。03 露營拖車也能有專屬的淋浴設備，透過車上的熱水器供應冷熱水，野營時只要加掛外帳就可以洗澡。

01

02

03

客戶就是朋友　上山下海露營同遊

「鎖每一個螺絲時我都是高興的，因為這就是我的興趣所在！」可樂屋的露營拖車穩定性，是不斷在臺灣各種道路上拖行，做出無數次測試、調整、修正後的成果，「不敢說自己的露營拖車最完美，一切只因是自己的興趣，所以將心比心注重每個微小的細節。」可樂懇切地分析：「喜歡一個東西並認真地研究，基本上出錯的空間很小，但如果只是為了工作賺錢而生產，很多小細節就有可能被忽略。」

而他也很在意售後服務，曾經有位車主年初一時全家出遊環島野營，卻在行經臺北時拖車輪框出了問題，但初一哪有維修車場營業？可樂回憶：「當時車主下午四點跟我說車子出了問題，我便從臺中驅車北上，七點抵達現場幫他做現場維修，讓他們的環島行程能夠繼續。」

自豪於拖車的良率，故障回廠很低，車主會回來找可樂，通常都是一起泡茶聊天，或相約出門露營。待人以誠的他，樂於在交車後將新車主加入露營拖車同好群組，並常常找時間大夥兒一起去野營。他說：「當車主來找我，不是因為拖車需要維修，而是回來邀大家開車去露營，彼此不是客戶與業主關係，而是像朋友一樣天南地北聊天，討論還能有什麼新的設計，我想這就是成就感！」

目前可樂屋也將規劃研發新的車型，來因應日漸成長的露營拖車市場，提供車主更多選擇。您也想要隨時擁抱山海，拖著露營車旅行臺灣嗎？可樂屋，等著您來訪！

05

01-04 可樂屋的露營拖車，經過無數次測試、調整、修正，適合臺灣各種公路行駛。05 可樂是位勇於挑戰的熱血男子，上山下海都難不倒他。

經營哲學：
興趣不一定能當飯吃，但把興趣結合工作，才能走得長遠。

成功心法：
售後服務很重要，注重每一位車主的回饋。

人生座右銘：
生活是一場充滿挑戰的冒險，你可以選擇無趣的工作，或快樂的挑戰人生。

可樂屋露營拖車

地址：臺中市西屯區福順路 2 號

電話：0968-883939

Facebook 粉絲專頁：可樂屋露營拖車

Instagram：cola_house_588

粉絲團

Instagram

將萬丹在地水果、辣椒製成果乾與辣椒醬，深受消費者喜愛。

精緻農業轉型
打造萬丹
在地農產新特色

「鮮而美食品工業」吳建葦

屏東萬丹不僅是臺灣重要的紅豆產地，也是南部農業的重鎮，因氣候溫熱、地勢平坦，加上地下水源豐沛，向來是優質蔬果作物的盛產之地。

為了推廣在地農產品，以醬料代工起家的「鮮而美食品工業有限公司」第二代接班人吳建葦決定將品牌延伸，走出加工廠，與農民們站在同一陣線，齊心推廣在地食材，為家鄉盡一份心力。

01-03 要將農產加工為高經濟價值的產品需要耗費許多時間與心力，不添加色素、防腐劑是鮮而美食品的堅持，好的農產品用吃的就可以感受到心意。

利用自身所長　協助農村多元發展

就讀行銷科系的吳建葦與友人陳勝育、洪嘉隆，深刻感受到在地小農的艱苦，常常整季辛苦種植的農作，僅因不懂行銷，只能任由市價波動而悲喜，豐收時甚至穀賤傷農，心血白費。

臺灣譽為蔬果王國，四季都有農作產出，然而在供大於求的收成旺季，往往反而造成價格崩盤。那些滿坑滿谷乏人問津的滯銷農作，始終是農民們心中無法抹滅的痛楚，因不合成本而直接放棄採收的悲慘下場早已不是新聞。這些讓田間的辛苦勞動者血本無歸的憾事年年上演，也讓吳建葦與夥伴們深感不捨。

他們不斷思考的是，這些賣不掉的優質農作物，還有沒有別的出路？

懷抱夢想的人總是能夠找到機會，這一閃靈光便是從一台家用食物乾燥機開始。吳建葦發現萬丹在地的牛番茄、高樹鳳梨以及枋山芒果，非常適合做成果乾類零嘴，除了延長賞味期限，更可以將水果的鮮甜風味保存起來；而另一項萬丹特產辣椒，則透過自家食品工廠的專業製程，將在地友善栽種的大辣椒、朝天椒加工製成辣椒醬，以伴手禮的方式向大眾推廣。

01

02

WHITE ALE
03

青年返鄉促農業轉型　推行契作保障農民

吳建葦還沒接管家業前，也曾嘗試投入餐飲業。當時因為貿然躁進，沒有拿捏好風險，一下子把規模做得過大，導致失敗收場，但這一筆學費並沒有白繳，他從中體悟到市場供需的拿捏與成本風險的控管。

接手經營鮮而美食品後，面對萬丹在地農作加工產品的開發，吳建葦秉持「先要求品質，再要求產量」的態度，為家業的轉型與創新打下穩固的基礎。

與萬丹在地小農簽約契作，確保源頭品質後，製程便是下一項嚴謹的任務。吳建葦與返鄉青農洪嘉隆一同嘗試果乾研發，並藉由鮮而美食品工廠二十餘年來的管理經驗，將鮮果烘乾、產品分段監控以及研發合作等細項規畫成系統化製程，讓產品一上市便深受好評。

倘若好產品是成功推廣的主體，那麼行銷便是助它起飛的翅膀。

透過洪嘉隆的農產專業與吳建葦行銷能力的雙重運作，眾人集思廣益，決定積極參加農產展覽及各式推廣活動。在產品嶄露頭角時，更一舉榮獲「2019 屏東伴手禮好店徵選網路票選第二名」之殊榮，也因此萬丹在地農特產品在全國開始發燒，除了吸引許多消費者嘗鮮外，回購率也極高。

這讓吳建葦相信，將好的在地食材推廣出去，不但是一條正確的道路，也能夠保障小農的收成，連帶增進作物品質，實際照顧到萬丹在地農業，而這些，都極需要借助青年之力來達成。

01 繼萬丹紅豆之後，鮮而美食品致力將辣椒推廣為人人皆知的萬丹首選伴手禮。02 水滴蛋捲也是超人氣小點。03 將萬丹在地水果、辣椒製成果乾與辣椒醬，深受消費者喜愛。

來萬丹「椒」朋友　觀光農業打造在地品牌

對吳建葦來說，從替農民解決問題的初心為起點，逐步發展出一套互利共生的產銷新版圖，進而開創出消費者們都喜歡的果乾、辣椒醬品牌，這是他經營鮮而美最重要的動力。看到辛苦的農友們有著穩定的收入，可以在自己的田地上一邊揮汗、一邊嶄露陽光般燦爛的笑容，這是多麼大的榮耀！

雖然一路走來歷經許多波折 —— 從一開始農友們對他半信半疑，到思尋品牌能為眾人帶來什麼利益，再親身感受自己的產品受到消費者歡迎……這一步步的轉變，也大大翻轉了在地青農的思維，體認到精緻農業是一條轉型的可行之路。

吳建葦說道：「將傳統農村產業翻轉為高價值經濟，是有路可走的！」希望透過自身的經歷，改變臺灣農村青壯年人力流失的現況，號召年輕人返鄉協助農業轉型精緻化，沉寂已久的農村就可以擺脫現今的困境，恢復過往生機蓬勃樣貌。「未來也會致力推廣萬丹辣椒，成為繼紅豆之後，人人皆知的首選伴手禮。」壯志之下，吳建豪的眼神裡，還有著鷹揚萬里的自信。

鮮而美食品在吳建葦的多方經營下，時常舉辦在地農產一日遊活動，從採椒趣、辣椒醬 DIY，到認識當地的產業、享用特色美食……，豐富精彩的體驗活動總讓造訪萬丹的大小遊客滿載而歸。隨著一次次在地小旅行的成功推廣，除了帶領者遊客深度踏查之外，更將自身定位為一個品牌發展平台，期盼透過觀光的推廣，讓更多人知道萬丹這一片豐饒且多元的土地。

01 誠摯的行銷方式與新鮮食材是邁向成功的不二法則，吳建葦與夥伴有志一同推廣在地農特產，不遺餘力。02 鮮而美食品舉辦在地農產一日遊活動，讓更多遊客認識萬丹農產，還有許多美味正等著大家發掘！03 吳建葦感謝同學陳勝育（中）、洪嘉隆（右）一起實踐夢想、為家鄉努力。

經營哲學：

創業前，必須穩步向前。從小地方開始經營，初期勿將規模放得過大。

成功心法：

- 虛心向專業請益，並做為茁壯自我的養份。
- 珍貴的資源要花在刀口上，抓到成功的方程式後再全心投入。

人生座右銘：

Just do it ！

鮮而美食品工業有限公司

地址：屏東縣萬丹鄉社皮路一段 35 號

電話：（08）707-5883

官方網站：hsienerhmei.com.tw

Facebook 粉絲專頁：萬丹椒朋友 - 鮮而美

官網

粉絲團

01

臺灣韓流引領者 創意無限的實踐家

「因思銳國際」李志建

出生於韓國，「因思銳國際股份有限公司」董事長李志建，大學時赴臺求學，畢業後藉由國際貿易事業，將臺韓緊密接軌。34 年的國貿經驗，李志建獨具慧眼，創造過無數第一手奇蹟，生活中信手捻來處處皆是商機。

他一卡皮箱走天下，屢創精彩成就，近年投入「台北高粱酒」、「廚霸消滅型廚餘機」等商品研發推廣，又會如何將他的事業推向另一波高峰？

特務 No.1 的創業闖蕩之路　如同電影般精采

李志建家中以經營餐廳為業，求學時期每天下課都要回家幫忙，然而天資聰穎的他卻能在沒有經費與時間參加補習的狀況下，越洋考取臺灣國立中興大學環境工程學系。他揹起行囊隻身來臺求學，期間的學費與生活開銷，全靠課餘時間擔任家教、發海報、夜市賣冰等工作完成學業，而人生並沒有白走的路，這種種經歷，後續都深刻影響著他的創業歷程。

出社會後先於電腦公司上班，到職第二個月就從業務代表晉升主任、第四個月當上經理、第九個月直升公司合夥人，但抵不住血液裡天生的創業性格，他排除親朋好友的反對聲浪，隻身、三萬元積蓄、一輛破摩托車，便踏上自己的創業路。

創業初期只能暫時寄居於同學家中，靠著販售「鑰匙圈」打天下。李志建回憶：「當時是一人公司，我是員工編號 No.1，二號員工就是我的答錄機。」艱苦中還能自我解嘲，是他面對挑戰的力量。生為超級業務的李志建，本身也是說故事好手，靠著豐富的表情與肢體語言，活靈活現地描述了當年笑中帶淚的創業歷程。

01-02 李董事長家人與經營團隊。

在李志建的觀念中，想賺錢，商品不一定要大，但策略一定要有。他的第二樣商品是「自動開收傘」，傘上貼了自己的連絡電話，白天勤跑飯店寄賣，回家後首要任務就是打開答錄機。初期「二號員工」總是一片靜默，直到某天，終於有個外國人來電詢問，就此打開了他的外銷事業。

即便李志建勤跑業務，公司還是不穩定，常面臨苦撐經營的窘境。李志建回憶，有天公司的「三號員工」──會計職員，下班後在他桌上放了張字條，寫著：「董事長，您一定會成功的！今天收的帳我先拿走薪水，剩下的錢放抽屜。」然後會計就跑了……，後來還是拜託兄弟姊妹幫忙，才穩住公司。回想起當年，今日的李志建笑得很開，或許當年的苦笑中，還泛著淚也說不一定。

01

02

03

01 因思銳國際創辦人 李志建董事長。02 因思銳經營塞班島的旅遊事業，安排直航班機，衝出單日數百人次的搶眼業績。03《家有賤狗》也是李志建引進的卡通影集。04 與韓劇《藍色生死戀》童星恩熙、俊熙合照。05 引進韓劇《冬季戀歌》，締造國內超高收視率。

難度就是機會　發掘藏在生活細節的商機

獨具慧眼是種天賦，它讓李志建總能在尋常生活中找到商機。某天逛夜市時，他偶然發現攤販上一席席帶著黑斑點的咖啡色竹蓆，環境工程背景的專業訓練，讓他敏銳的商機警鈴大作。隔天便帶著一股衝勁，開車直奔竹山，與竹蓆工廠老闆商討並調整製法，最後竟打造出當時前所未見的綠色竹蓆。

產品研發成功之後，他將樣品帶到韓國，令人耳目一新的臺灣綠竹席讓海外市場沸騰，就此打開竹蓆外銷事業，甚至率先至福建武夷山擴產。李志建自豪地說：「當時竹蓆的外銷規格就是由我制定的！」

對於挑選商品的原則及眼光，李志建認為「有難度，就是機會！」面對商品週期的衰退，他從不戀棧，總是當機立斷開發新商品。此後曾轉攻臺製童鞋，與日本同業展開競爭，卻時不我予碰上金融風暴，「韓國銀行倒閉，辛苦一年獲利的七十萬美金就此報銷。」

難度既是機會，危機便可以是轉機！當時心情沮喪的李志建，在塞班島度假散心時，發現當地很少臺灣觀光客，「上天有眼！又給了我一個機會。」當下便決定在此地開辦旅行社，安排直航班機，公司立即轉型賣機票，甚至衝出單日數百人次的搶眼業績。

或許您會認為，這些創業歷練已經足夠精彩，但李志建的故事還在往高潮推進，臺灣「首位引進韓流戲劇的始祖」才是他創業歷程中耀眼成績的開端……。

01

勇於冒險逆風高飛　做永遠的開路先鋒

當年臺灣的媒體大量引進日劇，而韓國則幾乎不外銷韓劇。李志建看見這片廣大處女地，便直奔韓國國營電視，洽談臺灣總代理權。他用一頓飯的時間簽下合約，成為首位將韓劇引進臺灣的重要角色。

那時韓劇錄影帶並沒有分軌概念，背景音樂、字幕、聲音全在同一軌，李志建說：「當時一集售價 715 美金，電視台不願另外花 900 美金做分軌，於是我向韓國文化觀光部爭取補貼，才順利解決這個問題。」

回到臺灣後，李志建親自開車將韓劇影帶送到各大電視台，一場場的自薦卻連吃半年閉門羹，「家人本來就反對我投資，看到這種狀況更讓他們又氣又難過，連圈子裡都盛傳有間叫『因思銳』的傻子，花大錢簽了韓劇進來，大家都抱著不同心態在觀望我的下一步……。」但這並非李志建第一次逆風飛翔，當然也不會是最後一次，因為他總能在絕處逢生。

善用資源是存活的本事，他邀請各媒體老闆餐敘，並在現場播放李英愛主演的《只愛陌生人》(Love No Strangers)。這一播出，第二天公司電話接到手軟，媒體巨頭們親自到公司拜訪，爭相洽談播映權，後續的熱潮可想而知。韓流正式在臺引爆後，李志建甚至受邀到韓國國會演講，成為首位將臺灣經驗帶入韓國國會的人。

代理韓劇期間，李志建多次邀請李英愛、車仁表等韓國巨星來臺造勢，更不忘順韓流之勢陸續引進《奇蹟》、《暗黑》、《勁舞團》等韓國電玩。「我專挑高難度商品，因為克服難度才有成就感，也才會有市場！」當時眾多廠商搶著代理《奇蹟》，李志建當晚便直飛韓國，靠著一張空白支票簽下代理權，挫煞一群同業。

02

03

01 卓越的領導能力，李董事長獲得馬英九先生頒發金峰獎肯定。02 李董事長在韓國景福門留影。03 搶先機引進《奇蹟》、《暗黑》、《勁舞團》等韓國電玩，並請明星盛大代言。

從高粱酒到廚餘處理機　經營奇才的不可限量

喜歡偶爾小酌兩杯陳高的李志建，不習慣金門高粱的嗆口，於是將腦筋動到打造更順口的「台北高粱酒」。李志建堅持科學精神，對於「古法」則是多了一些保留。他認為製程若不講究現代衛生要求，可能造成過多的微生物、細菌、灰塵；而無菌的現代化釀造環境，一樣能生產好酒。

為解決高粱酒的辛、辣、嗆，李志建花了四年研發調整，每天找來親朋好友品嚐樣酒，藉由盲測找到最合適的調和比例，這一款「如謙謙君子般」的好酒，就連中國酒友也一致好評，「大家都覺得，終於不需透過冰鎮，就能喝到順口的陳高了！」目前他正積極擴展中國市場，帶著臺灣佳釀與中國同業一較高下。

此外，出身環境工程學系的他，本就專精節能、節電、環保等議題，他看好廚餘減重將是未來趨勢，於是與韓國廠商合作，投入推廣「廚霸 ZUBA 廚餘處理機」。以微生物消滅廚餘，將之化為無形，透過微生物特性，在數個鐘頭內就能消滅廚餘，還能針對不同國家的飲食習慣調配適合的微生物菌種。

初期提供跨國大型企業、渡假村試用，「許多使用者都很驚訝，一天的廚餘，竟然當天就完全不見，節省了許多處理的時間與金錢。」這些廠商的回饋，帶給李志建很大的信心。

01 精心研發的「台北高粱酒」，是宛如謙謙君子般順口的好酒。02 與韓國廠商合作研發「廚霸 ZUBA 廚餘處理機」，以微生物技術消滅廚餘，將之化為無形，為環境保護盡一分力。

「編號、正名、中央」的經營哲學

經營公司多年，經手的產品塞滿了整間辦公室，像是一部傳記史般，展示著過往打拼所累積的功績。行事彈性、收放自如、最愛往別人鑽不起的難處鑽，且深信「凡事必有方法」的李志建，也有一套內部經營哲學，每個員工都必須遵守「編號、正名、中央」的原則——所有商品資料必須明確編號、溝通時往來必須清楚明確、資料則須全部集中管理。

02

回首半生精彩，李志建最感念兄弟姊妹在創業上的支持，以及核心團隊的協助。其實當年四處奔波談生意的時候，曾遇過船難，全船僅他一人生還，他相信這是上天給他的機會，或許對於社會的貢獻未了，還有更多挑戰在等待著他。這一路化險為夷，即使跨足各行業也能運籌自如、屢創奇蹟，這樣的經營奇才，值得後起的創業者借鏡！

經營哲學：
沒有過程，不必期待結果。所有事情都必須動手去做，才可能有結果。

成功心法：
在難處中求簡單，就有勝算。

人生座右銘：
難度，就是機會！。

因思銳國際股份有限公司

地址：新北市新店區北新路三段 205-3 號 5 樓
電話：（02）8913-2178
官方網站：www.insrea.com.tw
Facebook 粉絲專頁：因思銳國際股份有限公司

官網

粉絲團

從用戶體驗出發
讓天線成為臺灣名產

「川升 BWant」邱宗文、宋芳燕、何松林

「成就感！川升草創至今邁入第八年，這從無到有的過程，一路支撐我們的就是客戶對川升技術肯定的成就感！」創辦人邱宗文看著一同打拼的夥伴宋芳燕與何松林，從他略帶自豪的語氣中，依然能感受他謙沖自牧的個性。

隨著科技進步的足跡，5G 通訊、車聯及智慧物聯都將普及，而天線設計則是讓這幾項新發展付諸應用的重要關鍵技術之一。「川升股份有限公司」的三位共同創辦人，秉持著「讓天線成為臺灣名產」的願景，期許結合多年天線設計經驗，從用戶體驗出發，以創新前瞻的天線量測技術，協助臺灣電子產業再創當年科技業奇蹟。

回首來時路，誰能料想當年的邱宗文，一位老師眼中不熱衷讀書的壞學生、連大學都沒畢業的迷途少年，竟然能跳級直攻博士學位？在科技業隻身闖蕩十年後，結識兩位志同道合的夥伴，三人一身孤膽決定創業，一腳踏進未知且瞬息萬變的領域，在霧靄漫漫不見遠方的創業路上步步為營，一步一腳印走到當下。

遇見伯樂翻轉人生　開啟十年漫漫創業路

國中畢業後，就讀台北工專電機科的邱宗文，在突然從國中填鴨教育轉換成專科自主生活過程中，未能調適好，無心念書因而漸漸變成老師眼中的麻煩學生；再加上父母本為善意卻令人有壓力的比較，像是「別人家的小孩多優秀」等「鼓勵」話語，造成他產生敏感的防衛心態。憶起年少的自己，邱宗文感慨地說：「因為真的很不喜歡聽這種話，以至於日後與人溝通時，我都會試著換位思考，設身處地為他人著想，也較能感受人在挫折逆境時的心情。」

工專畢業後，邱宗文插大考取輔仁大學數學系，從技職體系轉入純理論的學術殿堂，大學生活令他深感徬徨與不適應。幾經思忖後，認為純理論的數學並不是自己想要的，便選擇休學去當兵，先沉澱思考後再重新開始。

「那段時間對我來說也許是人生的低潮，但也是谷底反彈的轉折。」因服役時的同袍友人是交大電信畢業，計畫退伍後繼續攻讀研究所，當時對未來還沒有明確想法的邱宗文，便跟著拿起書本一同準備，退伍後順利考取中山大學電機系電波組碩士班。

01 川升 BWant 共同創辦人宋芳燕（左）、邱宗文（中）、何松林（右）。02 求學時代曾受益於人，邱宗文特別重視業界人才的養成。「川升學苑」宗旨便是分享研發經驗及技術給在學學生。

「我是沒有大學學歷的，直接跳級念碩士！」進入中山大學後，邱宗文遇見了人生的恩師翁金輅教授。「剛進碩班的第一年，翁教授都在美國，都是透過電子郵件與教授討論研究進度，因為珍惜這個機會，對於教授交代任務會以最短的時間完成，而翁教授也發現這個學生對天線研究具有熱忱，就推薦我直接跳級攻讀博士。」

因為恩師的舉薦，邱宗文連碩士學位都還沒拿到就直升博士班，前後總共花四年時間即取得學位。專科畢業後直攻博士，中間連跳三級，跳過大學及碩士兩階段，是邱宗文與眾不同的學習歷程，也足見他勢在必得的決心。

畢業後進入科技業任職工程師，一晃就是十年歲月，期間邱宗文結識了宋芳燕與何松林。三人有感當時臺灣無線通訊產業的量測技術並不成熟，需仰賴國際大廠支援，但這樣一來，不只成本高，所提供的測量工具也不一定合用，工程師常常會受限於工具，導致很多好設計沒有辦法付諸實現，於是決定開始著手開發以工程師體驗為主的天線量測系統。

01 2019 川升學苑結業典禮與頒獎。02 透過川升學苑，讓在校學生先行接觸業界，也讓公司員工教學相長。03 川升團隊合照。04-05 川升設計研發的通訊天線設備。

04

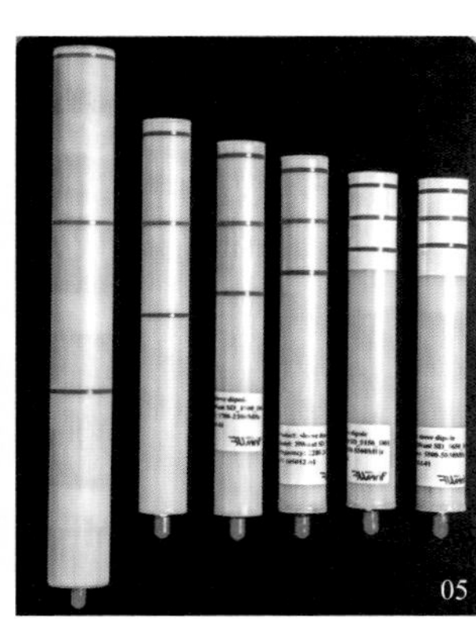

05

草創壓力積勞成疾　調整腳步掌控風險

「自己也是工程師，這十年我看到了很多產業興衰，發覺必須要往創業這個方向走，才能讓技術有更大的發揮舞台。」邱宗文集結了宋芳燕與何松林的專業，以無線通訊量測服務、系統整合及創新研發服務三項主軸共同創業，而川升的英文名為「BWant」，其中的「W」就是代表碩博時期提拔他的翁教授，是邱宗文對恩師的感謝。

剛開始三人懷抱滿腔熱血，以為創業之路應是順遂坦途，但卻事與願違。「川升創業之初是幾位好友一同集資，但剛開始最大的壓力不在於盈虧，反而是來自於股東朋友們的關心。」眾人關心公司的營運狀況，但也怕增加邱宗文的壓力，不敢直接詢問狀況，轉而間接向其他人探問，「這些擔憂我當然也都有感受到，給自己的壓力就不在話下。」邱宗文回憶道。

草創時的壓力，令邱宗文積勞成疾，半年便發現自己罹患淋巴癌，只能暫緩步調，先交由宋芳燕及何松林經營。接受化療期間，邱宗文開始反思：「自己的想法不能那麼單純！」雖然有夢想，但對於創業可能要付出的代價，自己有沒有想清楚？是不是還沒有評估好風險就貿然行動？

他在痊癒回歸後，便重新檢視股東結構，除保留自己股份外，找了一家較具規模的企業，以 1.1 倍的價錢買下其他股東股份，10% 的溢價是為了感謝一開始願意相信邱宗文的朋友，他則協助該企業發展天線事業。約莫三年時間，該公司天線事業穩定後，邱宗文再以原價購回川升股份，全心投入川升經營。

重視企業文化　打造感恩、回饋、共贏的川升學苑

「品德、態度、專業，是構成川升的三個要素！」邱宗文表示自己十分重視飲水思源，不論未來川升走到哪裡，一定要感謝一路上給予協助的人。他也期許員工抱持感恩、正向積極及專業的態度，「沒有最好，只有更好！在科技業你必須一直跑在最前面，明知可以更好卻不改善，那就是在騙自己，被淘汰就只是時間早晚的問題了。」

每當有新血加入時，邱宗文都有個必問題目：「你會不會孝順父母？你會不會重視家庭？」在科技業打滾多年，他看過許多工程師以工作或應酬為藉口而犧牲家庭，在他看來是本末倒置。他希望為川升樹立不加班文化，「你的一切努力及認真工作應該是為了家庭，而不是犧牲家庭！」邱宗文懇切說道。

或許是求學時代曾受益於人，邱宗文特別重視業界人才的養成。「學校老師專注於理論探討，但如果沒有意識到業界的需求，學生在學習時就很容易迷失方向，不知為何而學。」他希望川升不僅是間科技公司，更是一個惜福、分享及技術夢想發揮價值的平台，秉持這樣的信念，邱宗文改變傳統，將學校管理模式融入，創辦「川升學苑」分享公司內部的研發經驗及技術給在學學生。

無線通訊硬體設備取得費用太高，是學生的專業技能無法快速養成並提升實務能力的關鍵之一。透過產學合作，公司開放自有設備讓學生實習，提早接觸業界及了解未來趨勢，也讓川升的同仁教學相長，在帶領學生實習的同時更了解自己、練習團隊管理技巧，這個共好的策略，被邱宗文聰明運作，雙方皆有所受益。

「科技產業要的是即戰力，除了會念書外，更要能善用學校所學，應用於產業中。」他鼓勵學生珍惜求學時光，並透過課餘時間了解產業未來趨勢，雙管齊下才能讓學習更有方向及目的；另外，川升定期捐助偏鄉兒童就學計畫，已行之有年，取之於社會，也回饋給社會。

01 積極打造企業文化，一年一度的員工海外旅遊，在工作之餘適時放鬆。02 川升同仁走出辦公室培養感情，一同手做蛋糕。

創業路上相互扶持　川流不息，步步高升

「川升能夠切入市場，主要歸功於我們的高彈性跟客製化，真正做到符合客戶需求，站在用戶體驗的角度設計、規劃，而非只是制式化的產品生產。」共同創辦人何松林說道。

從單純工具使用轉型為設計創造，三個創業好夥伴一切從零開始，幸好這一路上相互扶持，也有很多業界的朋友與貴人，因過去的良好互動，願意給予機會。川升在邱宗文、宋芳燕與何松林所帶領的團隊努力之下，川流不息，步步高升。期許在未來 5G 通訊的時代中，能秉持一直以來的信念，穩健構築夢想的藍圖！

01

02

經營哲學：

目標堅定，但保有彈性。

成功心法：

感恩、回饋、共贏。

人生座右銘：

- 沒有會不會，只有要不要！
- 天下沒有白吃的午餐，要怎麼收穫先怎麼栽。

川升 BWant

地址：臺北市內湖區行愛路 69 號 1 樓

電話：（02）2795-1002

官方網站：www.bw-ant.com

Facebook 粉絲專頁：川升股份有限公司 (BWant)

官網

粉絲團

01

Less is More.
一杯茶飲讓您沐浴簡單純白的幸福

「沐白」孫永翰

手搖杯飲料榮登臺灣代表性的國民美食，光是國內一年就能創造約 500 億商機，尤其是受到男女老少所喜愛的珍珠奶茶，更是新一代外交美食，許多飲料業者爭相拓展海外、搶攻國外市場。

然而隨著飲料市場逐漸飽和，加上食安意識抬頭，市場也開始有了新的走向，而在多數業者還在摸索時，孫永翰早已帶著他的團隊站穩腳步，打造出一座屬於自己的純白王國 ——「沐白」。

沐白一切從簡，純淨的白色與木質裝潢，搭配上幾何彩繪，樸實的店面設計反映了孫永翰的「簡單實在」原則。埋首飲料世界十多個年頭，孫永翰只有一個想法——省去複雜包裝、秉持天然健康，把「好」的飲料帶給消費者。

在堅持理念的過程中，如何面對每次難關？他說：「別想問題怎麼來的，針對問題去解決就對了！」

01-02 簡約的文青風格裝潢清爽明亮，吸引顧客佇足或拍照打卡。

走過食安　堅持選用天然好滋味

走進店內，濃郁的芋頭及一股淡淡的甜香便撲鼻而來。孫永翰自豪表示，用糖一直是沐白的品牌堅持，店內百分之百使用天然蔗糖及黑糖，蜂蜜則是摒棄合成蜂蜜風味糖漿，而是採用成本極高的臺灣在地純蜜。

臺灣種植的新鮮蔬果、茶葉，加上來自天然蔗糖、黑糖與蜂蜜的甜，融入小農直送的優質鮮奶，最後結合出一杯杯茶飲，不留身體負擔。孫永翰對健康的講究，甚至連配料如芋泥、布丁與仙草凍都是自家手工製作。問執行長為什麼要這麼費工夫、砸重本？孫永翰的回應很簡單——

「過去發生的多起食安風暴，讓消費者對於食物來源、製程更加重視，願意多花一點錢吃得健康養生，父母買給小孩喝也能比較安心。」孫永翰對品質的要求，反映在他對原物料的精挑細選，甚至也提供豆奶系列飲品，供無法攝取牛奶的顧客選用；更因為自我的高標堅持，沐白的使用材料都會定時以政府要求的標準自主送驗，確保初衷、也提醒團隊追求品質不能鬆懈。

孫永翰認為，每個人對食物的喜好和接受度本就不同，他想做的就是多給消費者一些選擇好飲品的機會。經過時間的考驗，也證明了這個市場是存在且仍有發展空間，這正是讓他更加堅信並秉持「單純」理念的原因，而這個經營策略也讓沐白穩穩走過草創時期的風雨，逐漸成長茁壯，品牌獨特性更成為行銷海外的亮點之一。

01

02

03

01-02 飲品均選用新鮮水果如檸檬、柳橙、草莓、葡萄柚調配，散發淡淡天然果香、茶香、奶香。03 招牌飲品黑糖波霸鮮奶，以每天熬煮的黑糖珍珠與鮮奶融合出甜而不膩的幸福香氣。嚴選大甲芋頭熬煮成泥，是不論男女老少都能接受的國民飲品。

十五年的磨練　眷村窮小孩變身 CEO

沐白真正誕生日是在 2017 年的元旦，孫永翰咬著牙租下桃園火車站的三角窗店面，還好這次放手一搏是對了！

如今外人看來亮眼的成績單，是孫永翰花了 15 年的時間捱過次次難關換來的。回憶踏入手搖杯飲料市場的過程，他表示，這一路遇見的挑戰與挫折實在太多，但現下的自己回首來時路，一切都已顯得雲淡風輕了。

「進入飲料業是 2004 年時，我只是桃園龍岡眷村出身的小孩，家境不富裕、學歷也不高，進入社會很多工作都有門檻，當時我只想著要如何賺錢過生活。到親戚的飲料店工作幫忙時，發現了這個正準備起飛的手搖杯市場，然後一做就是到 2019 年的今天。」對孫永翰而言，接觸飲品業是因緣際會，也是讓他翻轉人生的一大關鍵。

「創業真的很辛苦！」孫永翰像是想勸退「嘗試心態」的創業者般反覆說著，就像當年一起投入飲料事業的三五好友，如今也只剩他一人繼續堅持。在草創時期，因為無法負擔龐大的店租成本，只能選在龍岡、楊梅等低房租的小地區開店。也常有周轉不靈需要貸款借錢的時候，加上 SARS、塑化劑、毒奶粉等經濟不景氣與食安風波的衝擊，當時很多店的營業額都直落半。好幾次在艱困時也想是不是該就此收手，但一想到關店員工也就失業了，擔心夥伴生計之下，才不斷努力想方設法度過難關。

「其實初期真的常覺得這份事業要結束了，但可能因為牡羊座個性上比較樂觀，我很相信只要努力去做，時機到了就能獲得甜美的果實，所以我認為一路上的挫折與難關都是必然的，對我而言那些是磨練。」因為這份理所當然的想法，堅持信念的孫永翰撐了下來，也是因為如此，直到現在，他都還不認為這份事業是已經成功的。

只要努力　全世界都會停下來幫你

秉持在手搖杯市場多年累積的經驗，孫永翰決定跳脫傳統經營型態，遵循「簡單生活」的理念。店面裝潢走簡約的文青風格，飲品則是強調用料單純。努力與堅持也直接反映在營業額上，在冬天飲品業淡季時，營業額不減反增；原本停滯不前的海外拓展計畫，也開始有了起色，這讓孫永翰更加確信，品牌若缺乏特色與堅持，很難行銷與永續經營。

而針對高成本，孫永翰解釋，沐白的飲品強調做法簡單，像黑糖珍珠、芋泥等，都是每天開店前煮好備料，營業時只要裝杯後加入牛奶、豆奶或茶品就可以了，製作相當快速，能接應大量訂單，並大幅精簡人力，讓省下的成本可以再投入支持真材實料。

「只要努力，全世界都會停下來幫你！」秉持理念，專心做好的食物，讓這句話完全驗證在孫永翰的身上 —— 以清新、健康為主打的沐白，隨著社群網路的興起，很快就得到消費者的注意，成為時下熱門的「打卡夯店」。

網友們的拍照打卡往往成為最有力的免費形象宣傳，也點醒了孫永翰在行銷上的著墨點。除了開始在網路行銷下功夫，也不斷告訴員工們，「要建立有溫度的服務，多留一點心，把客人當作朋友家人」，就像常在早餐店聽到的「帥哥美女，今天吃一樣的嗎？」一句簡單問候就能拉進與顧客間的距離，更能讓人對品牌留下印象、增加回購率，何樂而不為？

糖是飲料的靈魂，沐白嚴選的天然蔗糖、黑糖及
臺灣特選純蜂蜜，讓人輕鬆享受無負擔。

01

02

03

04

換位思考　取之於社會用之於社會

如今，沐白已是具有規模的飲料品牌，足跡遍及海內外，包括香港澳門、馬來西亞、菲律賓、韓國、中國、美國，但特別的是，沐白在國內分店數量並不多。孫永翰解釋，扎穩根基、拓展海外是目前以及未來的營運方向，並不急著在國內展店，更希望能嚴選優質合作夥伴加盟。

「創業要成功一定要親力親為！」孫永翰說：「曾碰過很多人只想出資金然後收錢，我不要這種的，又或是只做一年就認為沒賺錢而放棄。前者往往在問題出現時不自知或不知道怎麼有效解決，後者則是眼光太短淺。」他強調，只有親自捲起衣袖摸索，才能及時發現問題，成功並非垂手可得，人家說十年磨一劍，而孫永翰磨了超過十五年呢！

因為自己出身基層、又是白手起家，孫永翰在事業有些成績後，選擇回饋身邊的人和社會。面對加盟業者與員工，他從不吝於分享資源與經驗；面對社會則是與小品牌相互扶持成長，像是沐白供應的牛奶就秉持著「公平交易」原則，直接與小農合作購買，讓小戶酪農業者免於被大廠牌剝削。小農將獲得的利潤拿去妥善照顧牛隻，再提供品質更好的牛奶，這是一個正向循環，而直配的牛奶乳源單一、來源清楚，對消費者也更加有品質保障。

正循環，是支持沐白前進的動力，也許就是這份莫名的堅持，以及懂得換位思考的同理心，才讓這位眷村出生的小孩，築夢踏實，闖出屬於他的飲料王國，用一杯杯茶飲，不斷傳遞幸福而簡單的滋味。

01 一股白色狂熱旋風，已經隨著沐白的開展，在全球各地展開！ 02 中壢中原店十月新開張，匯聚大量人潮光臨，場面盛大。03 隨著社群媒體的興起，沐白很快獲得消費者注意，不但受海外人士歡迎，也成為時下熱門的打卡夯店。04 沐白 LOGO 上的乳牛，象徵店內使用小農直配的鮮奶，崇尚減法的生活哲學，天然而純粹。05 沐白創辦人孫永翰。

經營哲學：

凡事親力親為，才能看見問題所在，才能站穩腳步，不斷進步。

成功心法：

面對問題不斷出現，別急著懊惱問題從何而來，只要抱著樂觀想法直視它、解決它。

人生座右銘：

沒有不苦的人生，但生活其實很簡單，幸福也能很簡單。

沐白

地址：桃園市中正路 38 號

電話：（03）333-0633

營業時間：10:00 ～ 23:00

官方網站：i-milky.com

Facebook 粉絲專頁：沐白小農（臺灣總部）

官網

粉絲團

Instagram

以愛與喜悅為果實
陪伴孩子綻放美麗的花朵

「禾果幼兒園」林敬育、吳慧玲 禾果幼兒園

古代有孟母三遷，而現今，則有父母為了給愛女一個良好的成長環境，即使沒有教育背景、沒有創業經驗，也願意毅然決然放棄穩定的工作，投入畢生積蓄，以父母「想給孩子最好」的心意，開辦一家適合兒童成長的幼兒園。這是林敬育與吳慧玲的故事，他們將小愛擴大，用知識、資源、力量，要從己身開始，造福更多孩子。

01 禾果幼兒園創辦人林敬育（左）、吳慧玲（中）伉儷、園長劉芳綺（右）。02 整潔舒適、採光通風俱佳的教室，開啟孩子一天的活動精神。

踏上以愛為始的幼教路

沒有幼教背景的林敬育與吳慧玲，卻與幼教有著奇妙的緣分。

林敬育的母親劉芳綺女士是資深幼教人，擔任幼稚園園長，林敬育也在此薰陶之下，對於幼教現場便有一番觀察與認識。他早在高中就有創業念頭，但至於要「創什麼」，卻一直沒頭緒。大學畢業後對經營管理深具興趣，對各產業亦有多方涉獵，他藉由工作的磨練機會，一方面觀察企業組織與管理運作方式，一方面不斷苦思方向並尋找機會。

妻子吳慧玲則專攻大氣科學，曾進入氣象局服務，也一度到海外做服務志工，曾遠赴巴拿馬教小朋友學習電腦，短短一年間，她也意外發現了自己「很會帶孩子」的隱藏技能。

各有專精的上班族生活在成為新手父母之後有了遽變，面對照顧新生兒的慌亂，夫妻乾脆雙雙暫停工作，在媽媽劉芳綺的鼓勵下，一邊育兒、一邊進修幼教。兩人因此對於「兒童發展」這門學問更加認識，陸續取得兒童發展師的證照，而吳慧玲更擁有合格保母資格。

02

用毅力與智慧披荊斬棘　幸得貴人相助扶持

研究兒童發展的過程中，他們驚覺原來幼兒每個階段的心理、生理發展都如此重要，不但有許多複雜且精細的層面，而且層層相屬。兩人越鑽研越有心得，便萌生創辦一家符合自己教育理念，也適合稚女就讀的幼兒園。就這樣，他們踏上了幼兒教育這條奇幻旅程。

林敬育坦言，辦教育不像一般行業，不僅法令嚴格，各種軟硬體規範、配套都有特殊要求。在創業初期足足一年多的時間裡，他的心情就像坐雲霄飛車，每天都充滿不確定性 —— 付出的投資稍有不慎就可能化為烏有，在還沒達標之前，什麼都不算數！

不過，百轉千迴之下，林敬育仍一路過關斬將。這一路上，他靠勇往直前的毅力與意志力，妻子吳慧玲也默默在他身後打點好家務、照顧孩子。除了母親劉芳綺以及團隊的協助外，他最感謝的是禾果的營建商，貴人鄭森松先生，無私地提供了許多寶貴建議，儼然像是顧問一樣，陪他面對了不少難題，讓幼兒園能順利開業。

01

以感覺統合為核心　四十年幼教專家如虎添翼

「禾果」這顆集眾人之力與期待的「種子」就這麼種下，這時林敬育「敦聘」了投身幼教四十餘年的母親劉芳綺出任禾果園長，為這棵種子灌溉，也聘請專業合格幼教人員進園，一起來呵護這顆即將萌芽茁壯的種子。

劉芳綺不僅是資深的幼教專家，也是蒙特梭利、福祿貝爾、柯德數學等幼教領域的佼佼者，在四十餘年的教育生涯中，劉芳綺不斷進修，將理論與實務結合，並和林敬育、吳慧玲一起鑽研「感覺統合」領域， 將之融會貫通後，做為禾果的教育核心基礎。

透過各種感覺的刺激，孩子自然會接收到環境裡的豐富訊息，他們的大腦將整合這些訊息並做出適當回應，再透過每次的經驗去反應、修正與統合。在這個過程中，發展中的兒童不僅能認識、掌握自身的動作控制能力，也能學習到自我與環境間的互動關係。

當感覺統合發展完整後，再藉由各式的教育工具引發孩子學習的動機。諸如使用蒙特梭利教具，透過動手做的「具體經驗」，訓練手眼協調、小肌肉發展及專注力，培養主動探索世界的能力；或是運用積木、拼圖讓孩子從具體進入抽象的空間概念，刺激右腦、將想像具象化、並創造思考。

01 舒適的護理空間，讓身體不舒服等家長來接回的孩子們也能安心休息。02 提供各種教具，滿足孩子成長所需的多元刺激。
03 在感統教室裡進行各種活動，有助孩子眼、耳、前庭、觸覺及大小肌肉發展，從遊戲中激發學習潛能。

管理 Open Mind！ 用大膽創新碰撞出專屬企業文化

「你有看過任何一個老闆，在下大雨時擔心員工上班安危，還開車接送的嗎？」禾果的主任林芯彗，初出社會就在劉園長身邊學習，十幾年過去，待過臺北、臺中的幼稚園，工作生態的變化讓她一度對幼教失去信心，原本打算轉換跑道的她，選擇加入禾果，想給自己最後一次機會，看能不能喚回初衷、重新燃起對教育的熱情！

果然，林芯彗沒有失望！劉園長的巧妙引導不僅讓她重拾信心，這裡的工作環境也對幼保人員非常友善，同事們彼此照應，管理者沒有老闆架子，在員工有需要時適時伸手幫忙，更難得可貴的是，他們尊重專業，讓屬下能發揮所長，盡情揮灑。

身為負責人的林敬育不僅借重林主任的幼教經驗，也鼓勵她大膽創新，無論在招生、活動設計，只要她想做的，老闆絕對支持，就怕她不嘗試。

林敬育認為，現在禾果正處於企業文化形塑的過程，團隊的每個人都很重要，只要願意發揮創意，多方嘗試，就能藉由大家的經驗與背景碰撞出屬於「禾果」的火花，共創適合整個團隊的職場環境。也許初期需要花更多時間磨合，不過一旦有了默契，就會逐漸形成禾果專屬的文化。

01 禾果的每個孩子，都在愛中成長。02 還有什麼比孩子沐浴在快樂學習中、那陽光般的笑容更值得的事呢？ 03 戶外親子活動，強化親師生的良善互動。04 園所提供豐沛的環境刺激，孩子身在其中，有如浸濡在知識的場域裡。

01

02

03

04

01 禾果幼兒園外觀。02 投身幼教界四十年的園長劉芳綺，有一套自己的教育理念。

心懷下一個禾果　運籌帷幄展望未來

從一顆種子開始，禾果幼兒園順利步上軌道，穩健成長。其教育理念除了培養知識之外，更希望進一步落實孩子全方位的發展，在運動、學習、對事物的興趣等能力上，均能有所著重。林敬育亦希望結合團隊專業，幫助孩子在兒童發展的黃金時期就能夠在身心、專注力、靈活度、人際互動及學習上平衡進展，以利幼小銜接並創造快樂童年。

未來，禾果除了結合在地資源，打造一個鄰里共好的育兒環境之外，善於規劃的林敬育也希望等到自己對營運游刃有餘時，還能將禾果的精神開枝散葉，往第二間幼兒園前進，一步一腳印壯大禾果這個大家庭。

創新大膽的林敬育更預告，也許下一間幼兒園會採用實驗性的計畫——在兒童發展的理論基礎上，打造一個依主題、生活情境而設計的環境，創造能多方刺激孩子感統發展的創新幼兒園！

02

經營哲學：

- 目標明確，創業前多方接受各種資訊，評估可行性。
- 不要急著踏出第一步，踏出了就不要停，勇往直前。
- 勇氣與耐心為要。

成功心法：

集眾人之力，團結一心，朝向同一個目標努力。

人生座右銘：

學無止境，每天都要比昨天更好！

新竹市私立禾果幼兒園

地址：新竹市北區湳中街 71 號

電話：（03）5351-331

官方網站：www.hugopre.com

官網

往日崎嶇還記否？張恆將自身的生命歷練幻化為畫作顏料，
創作大有蘇東坡吟嘯且徐行之豁然大器。

畫壇張無忌 偕良伴以彩墨揮灑暢意人生

「色畫廊／色作藝術文創」張恆、杜玉佩

來到藝術家張恆和杜玉佩位於淡海新市鎮的工作室，推門入內，地板上正擺置一件顏料猶新的畫作，以渾厚筆觸和抽線線條表現自然景象，張力十足。相似的風格也出現於張恆的其他畫作，例如《東風破》、《石破天驚》和《創世記》等，都具有從混沌之中迸發生命力的氣勢。

原生藝術（Art Brut）工作者張恆的藝術天分渾然天成、自學成才，過去曾是專業鐘錶技師、攝影師，也是擁有五、六張專利的發明家，擅長將腦中的意象化為技藝呈現，如今則專心朝藝術創作發展；知名插畫家杜玉佩（筆名豆寶）則擁有豐富的美術設計經驗，至今仍活躍於媒體平台。

張恆與杜玉佩從相識、相戀到成家，在人生及藝術之路上相互扶持。三年前杜玉佩自聯合報退休，有更多自由時間可投入創作。步入人生下半場的夫妻倆攜手成立「色作藝術文創有限公司」，並於淡水地區開設「色畫廊」，作為作品展示空間，也成為收藏家、美學人士及藝術愛好者交流的好處所。

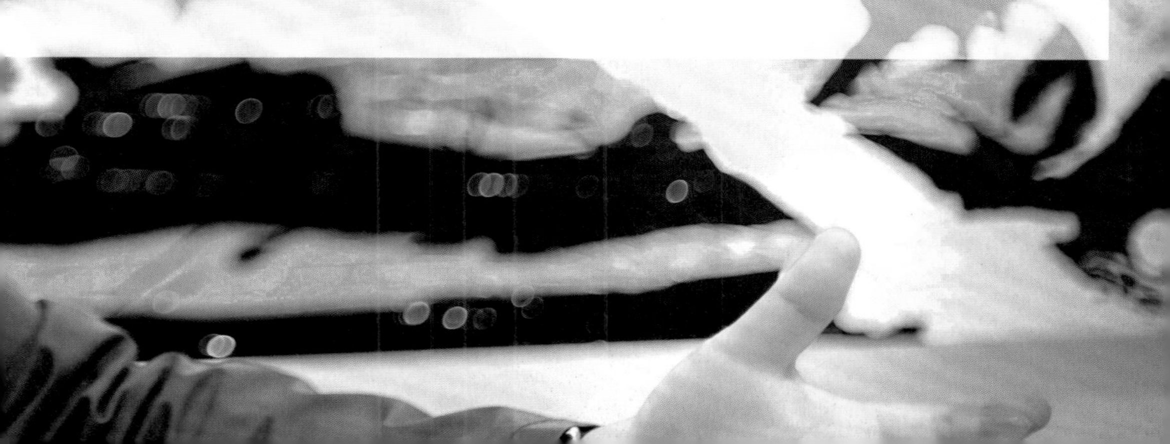

01

張恆運筆遒勁細膩　揮灑抽象的狂想曲

張恆的作品特色在於融合東方美學和西方抽象藝術，並且常以黑白單色來作畫，運筆方式也深受傳統名家的水墨技法影響，諸如張大千的潑墨、黃賓虹的積墨法等。中國水墨畫素有「墨分五色」之說，透過色相深淺和水分枯潤來表現黑的層次，而張恆的作品在西方媒材之上，更加融入水墨的顏色和技法，從中展現豐富的灰階變化，為其風格獨特之處。

除了從中國水墨畫汲取創作養分，張恆也在傳統樂器琵琶的樂曲當中獲得靈感。琵琶自有獨特的音樂語法，足以表現曲調的婉約和磅礡，以此傳達不同的心境。

以白居易的《琵琶行》為例，詩句所描述的樂聲，從春天花間細細的鶯語，轉為幽靜的水流，安靜到極致時倏忽又像迸裂的銀瓶，逐漸響亮起來變成鐵騎刀槍的鳴放，曲終時又歸於寧靜；曲調就在快、慢、動、靜之間輪轉，訴說曲折起伏的心境。時而靜、時而破的琵琶樂曲，一如張恆畫中時而細膩、時而遒勁的筆觸以及運筆的節奏。

張恆也對蘇軾的人生際遇格外有感，蘇軾善於詩詞書畫，然而仕途不順、經歷人情冷暖，因此經常寄寓自然感懷心境。張恆受其影響，也將心路歷程發揮在藝術創作上，以抽象線條比擬自然物象，展現力量之美。

提及心境的映照，他款款地說道：「我從小是孤兒，成長過程也是經歷人情冷暖、顛沛流離，所以我會在創作中表現力量，這是內心世界的反射。」他時常以張無忌比擬自己的人生歷程與創作路，生性隨和、悟性高，在各方面皆有天賦，也看盡世間人情，他將人性況味轉化為創作的底蘊。

用畫作說故事　杜玉佩以動物影射人性

杜玉佩與張恆兩人從年輕時就經常一起看畫展及藝術博覽會，從中獲取創作養分、了解藝術產業趨勢，也互相討論作品給予彼此意見。有趣的是，雖然兩人有共同的興趣和信念，但創作風格卻截然不同。

杜玉佩在報社工作三十年，先後任職於中國時報、自由時報和聯合報，擁有豐富的美術編輯設計經驗，在職期間更連續四年獲得美國新聞設計協會（Society of Newspaper Design）大獎。SND 大獎每年吸引來自世界各地的新聞設計工作者參賽，杜玉佩則是華人地區第一位銀牌獎得主，才華備受國際肯定。她不但專精於美術設計，也從事繪畫、插畫和繪本創作，三十餘年來累積無數作品，也樹立獨特的風格，至今仍持續在報紙副刊發表作品。

02

03

01 張恆作品《石破天驚》。02 隱身於淡海新市鎮的色畫廊，是張恆與杜玉佩潛心創作的一方天地。03 杜玉佩小品畫作，廣獲年輕族群的收藏家青睞。

杜玉佩以當代繪畫、插畫創作為主，作品靈感來自對生活的觀察，她擅長以動物影射社會中的人我關係，賦予畫面故事性，充滿慧黠巧思，十分耐人尋味，她的代表作《藍貓系列》即以俄羅斯藍貓為主角。藍貓有貴族貓之稱，在她的畫中常作為權勢者的象徵，例如貓與鳥的關係理應是緊張的，畫面中的藍貓卻輕鬆逗弄手上的鳥兒，看似愉快的遊戲氛圍背後，實則隱含「殺剮由我」的權力者心態，以此影射權力的不對等。

另一件作品的主角則是藍貓與綠狗，畫面中的貓狗勾肩搭背，貌似感情融洽，但是藍貓伸出利爪，綠狗笑出尖牙，雙方各懷鬼胎，反映爾虞我詐的人際關係。杜玉佩莞爾說道：「文章用文字述說故事，我則用一幅畫把故事說完。」或因豐富的插畫經驗，讓她擅長以畫面說故事，觀看其繪畫創作時，多半可循著畫面的布局和物象找到故事脈絡，梳理出所欲傳遞的訊息。

01 02 03 04

01-03 杜玉佩擅以動物作為傳達媒介，觀其創作皆有深意。04 長年從事插畫創作的杜玉佩，擅長以畫面來説故事，將人性的光亮幽微訴諸畫布。 05 夫妻兩人相知相惜三十餘年，有趣的是，雖然有共同的興趣和信念，但兩人的創作風格截然不同。06《創世紀》，作者張恆， 127x127，複合媒材。07 張恆畫作《東風破》加入金箔展現貴氣，並以立體的肌理、線條來呈現畫面，能隨光線變化而產生不同意境。

色畫廊共同創辦人，藝術家夫妻張恆與杜玉佩。

忠於自我相互扶持　回歸創作初心

三年前杜玉佩退休之後，便與張恆共同創辦「色畫廊」，畫廊空間成為兩人分享作品的平台。杜玉佩持續在媒體發表插畫作品，能見度高，也累積一定的知名度；相對之下，張恆的藝術創作型態較適合透過畫廊與藝術圈交流，藉此遇得伯樂，這也是成立色畫廊的原因之一。

除此之外，經營畫廊可直接面對市場，也認識很多藝術同行同好，得到寶貴的經驗。「在開畫廊之前就是純欣賞藝術而已，從純欣賞到面對市場是一條很遠的路，直到開了畫廊才把兩者連結起來。」對兩人而言，聽見觀賞者對畫作表達認同、並且實際支持，即是最大的肯定。

然而營運過程中，不免面臨「藝術家身分」與「畫廊經營者」的角色衝突。杜玉佩說，身為畫廊經營者必須樣樣自己來，小從印製名片、大到經營方向都需討論，無法專注於創作，然而創作又需投注大量時間，因此兩人決定回到創作者身分，結束實體畫廊空間，但仍延續色畫廊一品牌，持續在藝術之路上前進。

張恆作品的類型和尺寸適合參與大型展會；杜玉佩的畫作及相關文創商品較吸引年輕收藏家。未來也會針對不同藝術博覽會的定位和客群，來制定兩人畫作的參展策略，以此作出市場區隔。「我們忠於自己，對自己誠實、相信自己，在創作過程不斷地自我突破才是最重要的。」對面當今的藝術市場生態，兩人的態度則是回歸初心，努力耕耘作品的藝術價值，並且保有清明的自覺。

經營哲學：
多看各行各業的會展，做好功課。想從事某一行，應該到第一線去了解相關資訊，你會在展覽中看到這個行業的精髓。

成功心法：
信靠上帝，永不放棄，做對的事情。

人生座右銘：
恆心和毅力是最重要的。

色畫廊／色作藝術文創有限公司

地址：新北市淡水區崁頂五路 165 巷 11 號 12 樓
電話：（02）2805-9985
Facebook 粉絲專頁：色作藝術文創有限公司
豆寶

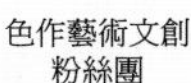

色作藝術文創
粉絲團

豆寶
粉絲團

位於南投清境的五里坡民宿，就在台 14 甲線 5 公里處。

寄情山嵐的況味人生
在仙境品味生活

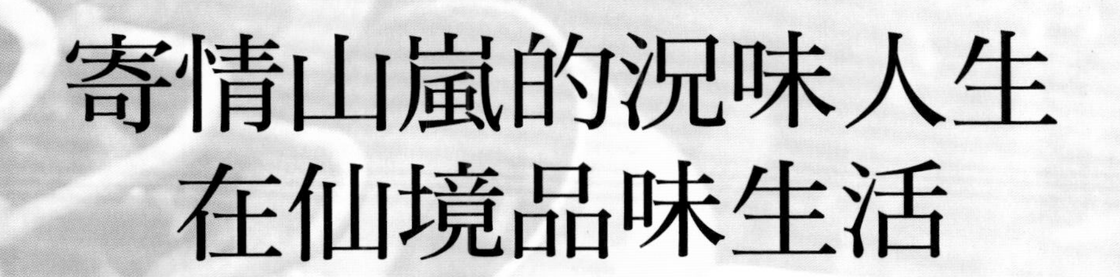

「五里坡民宿」陳添明

從埔里驅車開往清境農場，隨著海拔攀升，空氣愈顯清朗。車行經過莫那魯道抗日紀念碑後，台十四線公路五公里左側的上坡車道坐落著一處民宿建築，沒有大張旗鼓攬客的商業氣息，反而像是低調地通往私人別莊。

山坡上數間獨棟小屋以小徑連接，與其說是民宿，更像是退隱江湖的避世居所。25 年前，「五里坡」的創辦人陳添明先生壓根沒料到，他將在此打造出一間聞名全臺的人氣山居民宿。

五里坡

景觀 民墅

在這裡的每一分鐘 都很快樂

Cing jing veterans farm 5KM villa

多年山坡地開發經驗　為自己覓得一方淨土

談及五里坡，陳添明掩不住臉上的笑意。清晨朝陽溫柔灑進窗戶喚醒住客，遠方的霧社水庫早已碧波盪漾，空濛縹緲的山嵐明秀旖旎，與聳立巍峨的遠山對看，大有明心見性的通透豁達之氣。五里坡的四季景緻巧妙不同，從早到晚各自繽紛，即使泡一杯咖啡，在大露台或房間窗前放空一天都不會生膩。

凌晨四點裹上保暖衣物，滿天星斗下驅車前往中橫公路最高點的武嶺，在破曉時分登上松雪樓一睹乍現天光，心頭惱人俗事隨霞光萬丈一掃而空。經過雲海與初陽洗禮之後，再回五里坡補個眠，享用民宿主人準備的新鮮豐盛早餐，再到生態步道上走走，在芬多精中開啟完美的一天。

曾經在臺北從事山坡地開發工作的陳添明，商場征戰無數，戰功遍佈北臺灣。偶然一次至清境農場避暑，發現雕刻家好友朱銘的居所猶如人間仙境，他以自身專業評估環境後，對這一方土地實在是愈看愈驚喜。

海拔1500公尺，氣溫比平地低九度，夏日有合歡山的自然空調。所處地質，不怕地震時的潛在危險；從植被樹種觀之，鮮少颳大風；研究草種，確認空氣乾爽宜人。當地盛產甜美多汁的水蜜桃及加州李，再加上不到十公里車程便能銜接雙線省道，與塵囂保持著離塵不離城的唯美距離，諸多迷人的條件，陳添明決定在此買地蓋別墅，作為退休安養之地。

01-02 清晨早起，溫馴又熱情的狗兒「牛牛」會帶著遊客巡視後山小徑，是超人氣店狗。

01

02

擁抱山林　感受樂活心靈

民國 83 年，陳添明上山度假，愈住愈捨不得下山。自然山景的萬千變化，讓他想起名利場上無盡的風起雲湧，相較於商場上的是非成敗，應該還有些什麼，是更值得把握的？想起自己每每奔波於應酬之間，有時忙到連陪伴孩子的時間都沒有，他的心中頓時萌生退意。

隔年他便將白手起家一手創立的公司轉讓給員工，帶著妻子與兩個兒子移居合歡山，瀟灑享受山居生活，他形容彼時的自己是「每一分鐘都很快樂」。期間親友時常上山同樂，陳添明便另外蓋起客房，後來順勢經營起精品民宿，如今成為清境生活圈最夯的度假首選。

對於事業的第二春，陳添明認為，老想著如何「經營民宿」，久了日子多半不好過；若是想著如何「經營生活」，那麼每天都會是種享受。儘管退休已屆二十餘年，但是陳添明卻愈活愈年輕，他說：「山上環境好，客人來聊天，分享彼此的生活，久了都成好朋友，根本不用怕寂寞，所以開民宿是退休人士的好規畫！」

01 民宿可以遠眺霧社水庫，有著不輸國外的風光美景。02 五里坡提供豐盛營養的早餐，讓到訪遊客賓至如歸。03 悠適的用餐空間，依舊被山景環抱。04 民宿內的特定房型，貼心提供浴缸，讓遊客放鬆身心。05 傍晚的民宿與山嵐景緻相互輝映，彷彿造訪仙境。

地牛翻動重挫觀光　團結一致終見曙光

走過 20 餘年，饒是自然條件得天獨厚，五里坡的命運卻非一帆風順。

民國 88 年，九二一大地震重創臺灣，人們對於位於震央的南投災區避之唯恐不及，陳添明與幾位清境友人組成觀光促進會，找遍所有人脈資源，鼓勵遊客重返清境。民國 90 年，政府實施週休二日，國民旅遊風氣日漸蓬勃，同年 10 月，商業週刊的封面故事《移民合歡山》發行，順勢帶動遊清境熱潮，直至民國 92 年到達高峰，連平日都客滿，堪稱奇蹟之年。

之後，平面媒體爆料濫墾山坡地的負面新聞，人潮急轉直下，一度造成清境觀光蕭條。陳添明嘆口氣說，即使提出合法開發的證據，媒體也願意平衡報導，但是撥亂反正的效果仍是有限。所幸，自然環境的美好終究敵過悠悠眾口，在觀光活動推廣下持續升溫，遊客終於回流。

如今境外旅客占了 30%，陳添明歸功於社區間無私的互助。不但同行不相忌，若有哪一家民宿有空房，還會彼此互相介紹客人，譜成和諧共生的觀光生態體系。

05

細膩服務不是口號　而是敏銳的觀察與執行

時至今日，年事漸長的陳添明逐漸退居幕後，將畢生的心血 —— 五里坡民宿，交棒給兒子阿良與媳婦打理。第二代經營者認為，除了做好清潔、食物等基本功夫以外，將心比心、有溫度的服務才是讓遊客感到賓至如歸的關鍵。

當遊客訂房詢問是否有樓梯時，便應該立刻聯想到可能有行動不便的長輩同行，因而預先在浴室裡擺放洗澡椅；帶著嬰幼兒的住客，則需要先騰出冷藏副食品的冰箱空間，在供應早餐時一併送上嬰兒所需的副食品；甚至當即將共結連理的有情人入住時，五里坡都能貼心地一手包辦求婚細節與配套，製造浪漫的驚喜。

對服務品質要求甚高的阿良說：「當客人因為細心的服務而驚呼『哇！連這個你們都想得到！』的時候，才表示我們的服務有做到位。」

01 雲霧變化萬千，來此靜享山林帶來的禮物，是人生一大快事！ 02 民宿距離奧萬大賞楓勝地及清境農場均不遠，很適合做為家庭旅遊的勝地。03 民宿內的玉石 DIY 工坊，展示陳添明親手打磨的臺灣玉藝術品，何妨帶上一件，為旅途留下紀念。

汲取島國歷史養分　展現臺灣之美

談及五里坡未來的經營規劃，初次投入室內設計領域的第二代經營者阿良，深知消費者對於體驗新事物的需求，他說道：「一方水土養一方人，我想依照臺灣各時期不同的建築風格，打造嶄新的住房體驗。」

目前已完成的日式風格房型大獲遊客好評；另外，醞釀中的臺灣特色菜餚，以及陳添明親自規劃的玉石 DIY 工坊，也將逐一與造訪五里坡的遊客見面。在細膩的服務品質與創新的經營思維之下，期待五里坡將不斷以煥然一新的風貌，服務來此探求世外桃源清境的遊客！

02

03

經營哲學：

房間數不用太多，瞄準高級精品路線，走出自己獨有的經營風格。

成功心法：

獨步全臺的天然美景、乾淨整潔的環境、賓至如歸的親和力。

人生座右銘：

把客人當成親友，把入住當成來家裡玩，不要怕讓客人占便宜。

五里坡民墅 5KM villa

地址：南投縣仁愛鄉信義巷 40 號

電話：（049）280-2333

傳真：（049）280-3666

E-mail：service@5km.com.tw

官方網站：5km.com.tw

Facebook 粉絲專頁：清境 五里坡

官網

粉絲團

早療之路
讓優兒巧陪您走一段！

「優兒巧兒童職能治療所」　黎曉鶯院長

"The bees buzzed, BUZZ, BUZZ.
The squirrel cracked nuts, CRUNCH CRUNCH.
The crows croaked, CAW CAW.
The robin peeped, PIP PIP.
The sparrows chirped, CHEEP CHEEP."

小小空間裡，面帶笑容的一大一小，正在共讀一本英語繪本，大人邊指著圖案，邊朗誦簡短而有趣的文句；停頓時，小孩便緊緊跟著語尾，"BUZZED"、"CRUNCH"、"CAW"、"PIP"、"CHEEP"……開心地玩起聲音接龍遊戲。這是小傢伙結束上一個「遊戲」後的小獎勵 —— 可以自己選一本繪本，讓他的大玩伴陪著唸。

位於臺北士林的「優兒巧兒童職能治療所」，親切的院長黎曉鶯陪伴特殊需求及學習困難孩童已有數十年，帶領團隊透過遊戲的方式鍛鍊孩子生活所需技能，一齊走過早期療育的發展黃金期。

什麼是早期療育？　什麼是職能治療？

「早期療育」是一項跨領域的整合式服務，依照孩子發展上的特殊需求，提供整體性的專業治療及指導，並且給予家庭支持性的諮詢協助。在早療的觀念中，經專業鑑定的特殊障礙兒童、或因環境及年紀因素尚未確診的疑似障礙個案，提倡「早期發現，早期介入」，亦即越早給予醫療處置及教育安置，越有助於個案趕上一般孩子的發展里程。

職能（Occupational）指的是日常中一切生活運作的大小事，從生理、心理到社會化技巧，牽涉範圍非常廣泛。對一般人來說，這些如呼吸般再自然不過的柴米油鹽尋常事，對於某些族群，例如腦性麻痺、染色體異常、發展遲緩、自閉、過動、腦病變、情緒障礙、學習障礙、感覺統合異常等個案來說，卻是需要經過長期的訓練，才有辦法建立的能力。

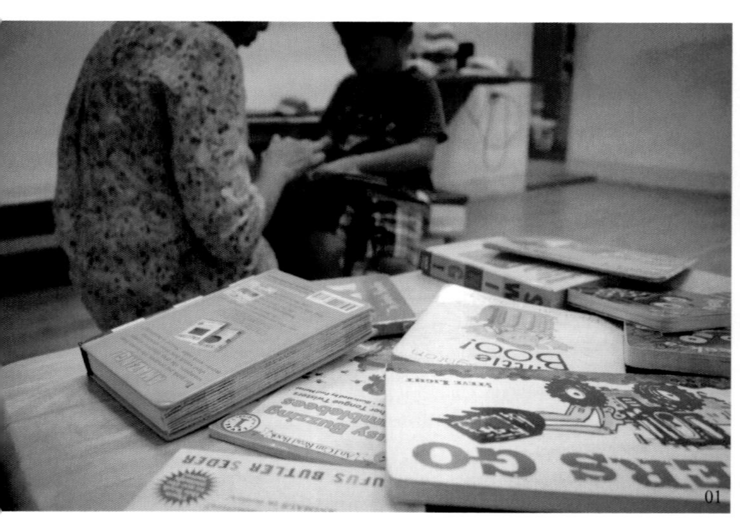
01

02

03

職能治療（Occupational Therapy，簡稱 OT），便是早期療育跨領域整合的一環。兒童職能治療師所接觸的年齡層從新生兒到青少年，主要針對學習障礙及發展遲緩的個案與其家庭提供服務。他們受過專業的醫學訓練，但他們的角色不只是治療者，同時也是指導者、諮詢者，更是早療團隊的重要一員。

個體因受到先天疾病、染色體異常、孕產程受損或不明原因，而導致發展遲緩或適應困難。職能治療師對於孩子各階段的發展必須非常了解，才能正確辨認出孩子的問題癥結；並須具有「以家庭為中心」的同理信念，才能準確提出符合個案日常生活的職能訓練計畫。

帶著勇氣慢慢做　創辦兒童職能治療所

黎曉鶯院長自台大復健醫學系職能治療組畢業後，便投身兒童職能治療。當年系上畢業的同學共九位，「我選擇先進入醫院體系，跟著張開屏、王本榮醫師的早療團隊見習，在這歷程中接觸到許多罕見疾病兒童，增加了不少臨床經驗。」跟著醫學界中的前輩及佼佼者學習，再加上不間歇的在職訓練，無形中建立了深厚的專業背景，亦累積豐富的個案經驗。

「這是一個腦科學快速發展的時代，所以我們必須讓自己不斷更新。」在對自我要求及對個案負責的職業倫理下，黎院長不忘透過國內外進修及遠距線上課程充實學養，與國際最新兒童職能治療實務緊密接軌。因緣際會下，在時機成熟之際，黎院長獲得了創業機會，秉持著「提供家長不同選擇」的信念，她決定創辦優兒巧兒童職能治療所，施行自己長期在業界所累積的專業及理念。

然而自己經營畢竟不比在醫院體系下執業，黎院長也曾面臨初期沒有個案上門的狀況。索性早療體系本是團隊工作，透過各專業治療師之間的互相轉介，以及學校家長、老師的口碑介紹，終於慢慢建立穩定的個案來源。

循循善誘、從玩中學　建立愉悅的治療空間

家中如有特殊需求的兒童，整個家庭環境、結構及經濟面都將會受到挑戰。優兒巧志在成為家庭的助力，而非只將工作重點集中在孩子本身的問題上。黎院長帶領團隊以信任且平等的互動模式，與個案的家庭維持緊密、適切的合作關係。

初次走入治療所，所方人員會先與家長洽談治療目的，安排適當評鑑工具，或透過遊戲來評估孩子的發展需求，再針對個案設計活動方案，幫助家長把治療融入孩子生活自理、遊戲學習等日常活動中，使其成為可全天候持續進行的居家照顧。

01 優兒巧的職能治療師不但是專業的陪伴者，也是帶給孩子歡笑的孩子王。
02-03 以遊戲的方式誘發孩子身心功能的全方位發展。
04 各種國內及進口的繪本及桌遊，都是進行兒童職能治療的好工具。

04

陪伴罕見疾病兒童走一段艱辛的過程，需要相當的耐心與專業，黎院長最常掛在嘴邊的一句話，就是「我們要努力做到讓孩子第一次進來就不哭。」輕柔地對待孩子，是她從業數十年來所貫徹的心法。

走進優兒巧的職能治療空間，各種繪本、桌遊、遊具一應俱全，為了建立一個功能完整的治療場所，黎院長定期到先進國家採購相關資源及器材。溫馨如同居家環境的空間規劃，極力擺脫診療復健場所的不適感，協助孩子在情境轉化上儘快適應。

在兒童專屬的治療室內，嗅不到一絲肅穆氣氛，取而代之的是各種不同的遊具，以及治療師的善誘技巧，將治療以「遊戲」作為包裝，藉由不同手法及玩具，設計各種功能性活動。

從活動中，孩子能夠獲得豐富的語言互動、感覺刺激、肢體練習等經驗，藉由遊戲的學習功能及重複練習之特性，在不增加孩子心理負擔的狀態下，發展出動作、

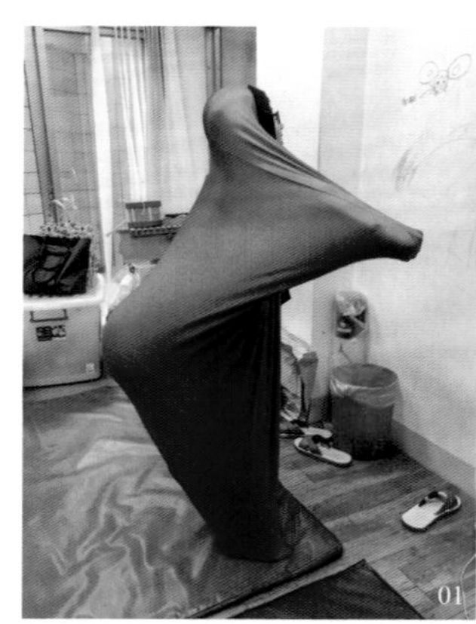

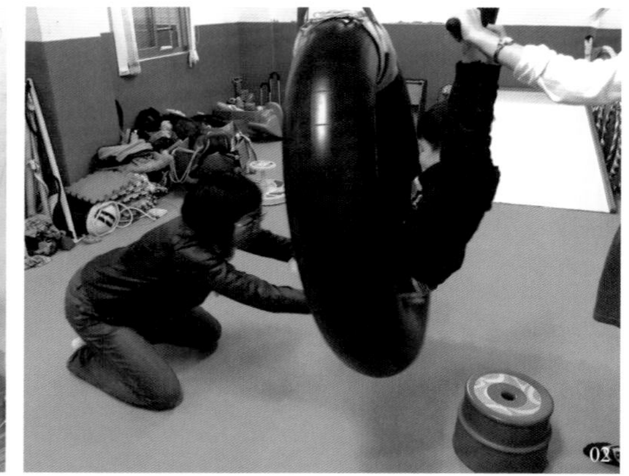

01-04 在優兒巧裡，不同的活動被設計以遊戲的方式，來達到促進個案發展的目的。05 優兒巧兒童職能治療所 創辦人黎曉鶯院長。

認知、語言、情緒及人際技巧，幫助他們增加自理能力、適應學校生活，也因此，在優兒巧進出的孩子，都是面帶笑容而充滿自信的。

為交棒做準備　期待新血加入

多年的執業歷程，就在不斷被挑戰中度過，在每個個案前來時，她總能精準評估，再丟出不同的做法給家長運用，並從解決孩子生活困境中獲得正面的回應。看到孩子的進步，就是她最大的成就。

從業數十年頭，職涯風景自有一番轉變，黎院長認為，如此重要的任務需要有為的年輕人來接棒，希望透過專業成長，提升眾人對於這個行業的榮譽感，使更多新血願意加入兒童職能治療的行列。

「要提升專業，更新知識是必要手段。」近年她與一群志同道合的夥伴組成讀書會，透過討論，匯集各領域的專業知識，等到有所累積之後，願將己身的經驗傳承給下一代，相信定是家長與孩子之福！

05

經營哲學：

- 不斷與國外新知接軌，理論與實務需要結合。
- 同理尊重、給予支持，不去批評家長所做的決定。

成功心法：

輕柔地對待孩子，讀出孩子的需求，努力做到第一次進來就不哭。

人生座右銘：

要提升專業，更新知識是必要手段。

優兒巧兒童職能治療所

地址：臺北市士林區忠誠路二段 21 巷 48 號

電話：（02）2836-7560

Facebook 粉絲專頁：Your Child Pediatric Occupational Therapy Clinic 優兒巧兒童職能治療所

粉絲團

輕鬆逃離日常工作與壓力
一起旅遊吧！

「泛太平洋國際旅行社」戴君威

泛太平洋國際旅行社有限公司

出國旅遊已成為大眾日常生活的一部分，旅行社如雨後春筍般紛紛冒出頭，卻因網路發達、資訊透明，而讓旅行社的角色定位變得模糊。

投身旅遊業近二十年的「泛太平洋國際旅行社」董事長戴君威認為，旅行社的價值在於「提供專業服務和保障」，舉凡規劃行程、安排食宿機票等細節，都需要經驗和時間養成，而時間就是金錢，對分秒必爭的現代人而言，這項專業服務反而更凸顯出旅行社存在的價值。

憑藉著對旅遊業的專業及經驗，戴君威接手泛太平洋國際旅行社，短短半年就經營得有聲有色，不僅達到損益兩平，甚至每月平均服務 1500 位以上的旅客。他用實力證明：旅行社絕非時代的眼淚，相反的，在以服務業聞名的臺灣，旅行社這個「服務業中的服務業」，更可能是未來的獨角獸企業。

職業倦怠出國闖蕩　峰迴路轉回歸本行

戴君威 18 歲就在家人經營的旅行社打工，對業界瞭若指掌。畢業後直接進入自家公司工作，他觀察到電視購物販售旅行社行程的趨勢，轉而投入以電視行銷為通路的旅行社工作，一待就是好幾年，也成為臺灣最早一批在電視購物嶄露頭角的旅遊從業人員。

奮力打拼了幾年，卻躲不了職業倦怠，雖有創業夢，但他卻猶豫著要不要繼續從事熟悉卻微利的旅遊行業，最後他離開臺灣，遠赴夏威夷親戚所經營的餐廳工作。這兩年間他娶妻生子，原以為後半生就在夏威夷度過，沒想到一次返臺探親，改變了他的規劃！

短暫的返臺休假，愛孫心切的爸媽居然提出「把孫子留下」的要求，想當然爾，留下孩子自己回美國工作是不可能的，因此休假瞬間變成長住，他決定先留在父母身邊，再開始思索自己的下一步。人力銀行的履歷才剛更新，就有旅行社打電話來邀約面試，原來同業大部分都是舊識，他們看見戴君威的履歷便馬上邀請，這讓他又重操舊業，回歸老本行。

01 旅遊品質保證，就在泛太平洋國際旅行社。02-03 戴君威董事長最感謝一直以來一路相挺的妻子，與當初建議他創業的老友。

養精蓄銳水到渠成　只為十年磨一劍

戴君威憑著在旅遊業所累積的實力，一路高陞總經理，雖然工作壓力大、工時長，但高階主管的豐厚薪水及再熟悉不過的工作，早已磨掉他心中的創業夢。無奈人算不如天算，因原公司海外投資失利，波及臺灣區經營，加上經營理念不合，原來為求安穩的戴君威，最後決定脫離舒適圈，告別這份穩定的工作。

離職後的戴君威，和老友敘舊時，聽說有間欲轉手轉型經營的旅行社，心想不如頂下來自己做！他們登門拜訪，和老闆相談甚歡，在天時、地利、人和之下，24 小時內就決定買下旅行社，短短三週遷到新址並完成裝潢。憑藉著在旅遊業的人脈與資歷，許多廠商、領隊、導遊等紛紛力挺相助，因此，在兩個月內，泛太平洋國際旅行社即步上軌道正式運作。

從一個在自家公司打工的毛頭小子、夏威夷準備過安逸生活的餐廳員工、旅行社的高階經理、到擁有一家屬於自己的旅行社，如今回想起來，戴君威還是覺得不可思議，不過他認為一切都是上天早安排好的，只待時間到了自然水到渠成。

01

01 從草創時期的三人，至今短短半年已是 30 人的菁英團隊。02 日本新潟三條市市代表參訪。03 日本新發田市市長頒獎合照。04 積極開發合作夥伴，與日本旅遊同業關係良好。05 戴董事長與日本第一胎內皇家度假村社長合照。06 日本胎內市市長頒獎合照。07 無錫旅遊局局長親臨公司參訪。

服務專業與旅遊品質　就是最好的保證

戴君威運用過去擔任高階經理人的經驗，在管理流程上反覆嘗試、不斷調整，為員工打造一個舒適有效率的工作環境。團隊憑藉著對產業洞悉，預先規劃風險管理、人脈資源及處理危機模式，遇到問題便能迅速排解、化險為夷。

為旅客提供安全感，是旅行社人員的職責，幾次遭逢航空公司罷工事件，總能安然度過，原來團隊早就將風險適度分攤，和多家航空公司配合，降低顧客受影響的層度。戴君威認為旅行社是「服務業中的服務業」，受各種不可抗力因素牽制，舉凡天氣、人員、局勢、甚至整體產業鍊，都可能影響行程，因此需重度仰賴經驗。

該如何讓客人感受到「被良好服務」也是一門學問，旅行社賣的不只是行程，是賣服務、賣安心，更是賣一個「旅遊夢」。讓旅客安心出門、快樂回家，必須憑著團隊的專業和經驗沈著應對，才能將旅遊變數降到最低，確保旅客最大權益。

打造變形蟲企業　維持最高競爭力

隨著時代變化，旅遊生態也不斷轉變，戴君威期許自己能打造一個富有「變形蟲文化」的企業組織，能因應潮流變動而彈性調整，也要讓員工確實了解自己的價值。因此在組織管理上，戴君威打造了一個三方平衡的平台——為「員工」創造良好的工作場域；為「顧客」提供高品質的服務；與「供應商」建立密切穩定的合作。在這樣的平台上，願意投身旅遊業的人能夠取得相對應的合理報酬，而旅客也能獲得夢想旅程與安心服務。

在科技文明發展之下，未來的旅遊型態也許會超乎大家的想像，而作為旅遊的仲介者，只要有人、有旅遊服務的需求，都是戴君威的團隊能使力之處。秉持這樣的信念，戴君威認為產業未來絕對大有可為，期許自己能為泛太平洋國際旅行社不斷創造高峰！

01 泛太平洋國際旅行社開幕時，戴董事長與父母合照。02 以電視購物為主要通路，介紹旅遊行程需在短時間內將行程亮點表現，如何針對客群做貼近訴求的宣傳、行銷就非常重要。

經營哲學：

- 設定明確的目標，腳踏實地，按部就班去達成。
- 對產業、執行面皆須熟悉，不要做沒有把握的事。

成功心法：

對客戶、對員工、對自己有誠信，並講求公平公正。

人生座右銘：

不要為明天憂慮，一天的難處一天當。

泛太平洋國際旅行社

地址：臺北市松山區民生東路三段128號7樓-2

電話：（02）2717-1717

營業時間：09:00～18:00

官方網站：www.17fly.com.tw

Facebook 粉絲專頁：泛太平洋國際旅行社

官網

粉絲團

Line

翟兆和書法教室 翟兆和老師。

一方硯、一毛穎
書寫的慢哲學

「翟兆和書法教室」

「大隱隱於市」，棲身於臥虎藏龍之鬧市，卻能夠屏除嘈雜干擾而自得其樂，不隨喧囂塵務煩心，在藝術美學之間達到心靈上的昇華，翟兆和老師的書法教室，便是如此隱身於臺北市喧鬧東區。看他凝神提筆勾勒橫豎時的安靜內斂，與窗外的人聲鼎沸形成渾然強烈的對比。

數十年如一日的教學過程裡，翟兆和老師與師母不僅於傳授技巧，更引領學生們打磨心性，將美學落實於生活，致力於書寫文化之推廣，帶領眾人在書法乃至生命道路上，逐「字」成長。

01

02

名師引領　投身書法領域

走進「翟兆和書法教室」，先入眼簾的是掛在牆上的學生書法作品，細看落款，才發現有些作品出自同一人之手，但落款時間卻相隔數年，因此篇幅格局、筆墨氣韻均不盡相同。從中略可看出，書法之道並非一蹴可幾，而是透過勤練精進，經歷一番涵養心性的功夫，才能寫出如行雲流水般的筆觸。

就讀復興商工美工科時，翟兆和對於中西藝術均甚感興趣。大學聯考前夕，他生了一場大病，痛失升學機會，靜心休養期間，神為他開了一扇窗，有幸拜師於安蘭莊老師，向她學習書法。安老師將自己的技巧傾囊相授，翟兆和則是一筆一畫掌握精髓，獲得長足的進步。三年的潛心精練，安老師認為他的程度已能獨當一面，大可有所作為，甚至鼓勵翟兆和轉向其他名師門下多方學習。

在安老師和父母的支持以及信仰的帶領下，二十多歲的他跨出創業第一步，在臺北東區巷弄成立書法教室。開業教學的同時也持續進修，向知名書法家暨篆刻家王北岳老師習藝將近十年。

01 提供軟硬筆書法教學，針對個別進度、一對一指導，幫助學生掌握書寫關鍵要訣。02 翟老師有虔誠的基督信仰，常以書法寫下聖經中的文字，成為座右銘。03 書法教室裡有不少學生從國小開始學習書法，一路寫到高中、大學，練就一手好字。（光復國小 陳玟翧）04 寫書法磨練心性、培養耐心和專注力，持續寫到大學，學習表現更佳。（臺灣大學 吳思潔）

引導掌握要訣　輕鬆寫好字

創業初期，翟兆和及父親經常到學校門口發傳單招生，從兩名學生開始教起，隨著家長之間逐步建立口碑，學生人數也愈來愈多。在他的教學觀念裡，書法之所以引人入勝，在於提筆寫字並不難，翟兆和希望透過正確的引導，帶領學生掌握關鍵要訣，輕鬆寫好字，體悟書法是一門容易上手的生活美學，只要一張紙、一瓶墨、一枝筆，隨時隨地都可以寫！

另一方面，透過與家長溝通，建立孩子親近書法的動機與目的，這往往是開啟順利學習的第一步；以此為基礎，再針對學生的性情及能力來引導，多能收到良好成效。「書法都是由難而易，剛開始一定很辛苦，但慢慢會愈來愈簡單。初期一定要臨帖，學得愈像愈好，等到技巧扎實之後，就能在基礎原則上表達個人風格，這時候，便會進到另一番書寫境界。」

03

04

參賽開拓自信　辦展成為動力

為了讓學生在學習上更有信心，翟兆和積極鼓勵學生參與校內外書法比賽，透過獲獎肯定讓學生將書寫視為成就感來源。書法教室的學生自民國 89 年起至今，得獎人次超過 1500 人，成績輝煌。

有了信心願意提筆，但寫字練心非一朝一夕，還需要有持續的動力。因此，翟兆和也不忘盡力奔走，為師生籌劃作品成果展覽，104 年社教館及 105 年忠孝復興捷運站藝文廊均曾舉辦師生聯展，讓學生的作品參與展出，感受時間蘊育的美學成果，成為持續書寫的動力、享受墨韻樂趣。

01 二十多年教學經驗，學員人數眾多，廣及學生、親子、成人。02 翟老師為學生籌劃成果展，104 年於社教館展出師生作品，敬邀各界書墨家共襄盛舉。

以書法藝術　行文化外交之禮

近年翟兆和感受到中華文化消褪的衝擊，開始思考如何推展書法教育。正好有熱心的家長特地為書法教室建置官方網站，網站一開張，彷彿通往世界般似的，竟吸引不少海外人士紛紛前來報名，學員來自美國、俄羅斯、日本、新加坡、義大利、香港及韓國，有些是短期自由行的旅客，也有外派臺灣工作者的配偶。

翟兆和說：「遇到語言不通的時候，可以透過肢體語言來表達，也會親自示範書寫，筆墨形韻成了最佳的溝通橋樑，畢竟學書法的基本功就是臨摹、觀察與練習。」

令他印象深刻的是，一家新加坡公司來臺舉辦員工旅遊時，還特別將參觀書法教室安排到行程中，翟兆和便趁勢規劃了文字體驗活動，讓訪客可以感受揮毫的樂趣，此中也讓他深深感受到臺灣肩負保存中華文化的重要角色。

01

02

01

02

03

04

與各界廣結緣　將書寫文化落實於生活

儘管書法習寫在體制教育內日漸式微，卻是外國人眼中的文化至寶，藉由網路的宣傳力量，更吸引世界各地愛好者前來沾染文藝氣息，有如以書法進行一場又一場的文化外交。多年來翟兆和致力於書法文化之推廣，如今，期望除了教學以外，更能將書寫美學落實於生活。

翟兆和書法教室除了為外國朋友規劃短期的參訪體驗，未來也將加入線上課程，讓各地的愛好者都能更便捷地體驗書法之美。這幾年，書法教室也與許多企業及機關持續合作，透過品牌活動、媒體合作、觀光體驗等異業合作的推波助瀾，與各界廣結善緣，讓書寫更能擴大普及，提升生活的溫度。

書法裡的靜心「慢哲學」

寫字活化大腦，靜心更能專注。書寫的「慢」，是時間的積累醞釀。字在，自在，這份靜心的大禮，從提筆開始領受。

下筆前的構思、運筆到落款，都不宜躁進，須謹慎思考。「寫書法要慢、要靜得下心，開頭穩紮穩打，後面才容易成功。」沒有速成捷徑，只須守住一方硯、一張紙、一枝筆，再用時間與努力換取。

而經營書法教室及推廣書寫文化也是如此，二十年前的翟兆和就像專注練習把「一」寫到好的學生，從最基本的運筆開始，熬過從零到一的不易，如今他所揮灑出的空間廣及國際，在書法教育領域裡，翟兆和老師以細水慢流之姿，將這一筆勾勒得既穩，且遠。

01 翟老師受邀於板橋大遠百現場揮毫，將書寫美學落實於生活，提升生活的溫度。02 將書法與國際精品結合，與寶詩龍品牌合作讓書寫更能擴大普及，翟老師受邀於微風寶詩龍專櫃現場揮毫。03 翟老師與師母專注投入書法教育，為中華文化傳承新血，也拓展國際，讓各國友人都可薰染書寫文化。04 帶著新加坡來訪的旅行團，從基本筆劃到寫紅包，體驗書寫樂趣，為臺灣與新加坡寫下了一頁美好的國民外交！

經營哲學：

- 不管從事哪一行，都要持續進修、求進步，活到老學到老。
- 萬事起頭難，一開始一定都是艱難的，必須堅持下去。

成功心法：

二十多年正統的書法教學經驗，教程完整，透過正確的引導，帶領學生掌握關鍵要訣，輕鬆寫好字，推廣書寫美學落實於生活。

人生座右銘：

因我以認識我主基督耶穌為至寶。（新約聖經 腓立比書三章八節上）

翟兆和書法教室

地址：臺北市大安區敦化南路一段 233 巷 63 號 6 樓（捷運忠孝敦化站步行 3 分鐘）

電話：（02）2711-7087

手機：0933-163-393

官方網站：www.jjhschool.tw

Facebook 粉絲專頁：翟兆和書法教室

官網

粉絲團

01

行醫北海岸小漁村 與村民一起慢慢變老的家庭醫師

「林承興診所」院長林承興

舊時寂靜的八斗子漁港，隨國立海洋科技博物館興建，結合重啟的臺鐵深澳線海科館站，為這個人口大量外移的漁村注入新活血。台二線北寧路緊鄰老社區，窄小的兩線道公路時而大車呼嘯而過，時而有耆老緩步而行，在地近30年的林承興診所，低調的綠色招牌早已融入漁村街景。

林承興院長是基隆人，畢業後選擇回家鄉開業，歷經當地居民三代的醫病關係，深受信任。太太江素蘭是診所藥師，兩人一起為地方服務，她說：「印象中沒看過先生發脾氣，他真的很有修養，總是很有耐性地跟病人解說病情。」

與病患建立互信關係　成為偏鄉的家庭醫師

林承興從陽明醫學大學畢業，接受臺北榮總家庭醫師的訓練後，擔任宜蘭冬山鄉衛生所主任。最後在大哥林朝景醫師的建議下，選擇回到故鄉基隆，在台二線旁的小漁村開業行醫。於此之前當地僅有兩名退休軍醫，因此居民們都對這位從大醫院返鄉行醫的醫師深有期待，口耳相傳前來求診，不久林承興便成為八斗子漁村家喻戶曉的醫師。

「我讀醫學院時是公費生，當時就知道畢業後必須到偏鄉服務四年，偏鄉地區的居民，在醫療需求上肯定較多元，所以當時就選擇專攻家庭醫學科。」林承興回憶診所開業後，不只在地居民，濱海公路沿線從和平島、瑞濱、鼻頭角、龍洞到福隆，病患扶老攜幼前來看診，從第一代 70、80 歲的阿公到第三代的孫兒輩，一家都是他的診所服務的對象。

有些高齡的慢性病患即使行動不便，仍堅持親自到診，由於當時基隆還沒有濱海道路，他們必須搭早上第一班車來看病，林承興為了照顧這些遠道而來的病患，決定提早看診的時間。病患對他的信賴，以及他對病患的體貼，構成良性的醫病關係，使整個社區更如同大家庭般關係緊密。

01 林承興診所創辦人林承興醫師。02 位於基隆八斗子的林承興診所。03 門診候診及衛教區。

被居民的善意所感動　扮演醫療的第一線角色

診所開業前，林承興和妻子江素蘭一起到現場勘點，由於當時交通還不便利，讓江素蘭一度難以適應，她說：「沒想到，後來被這裡居民的善良感動了，我們竟然愛上這個地方。」

開業初期，林醫師每天全心投入三班制看診，忙到幾乎無法休息。社區型家醫診所提供的醫療服務甚廣，幾乎無所不包，假若病患的狀況超出診所能力範圍，需要更多醫療資源，林承興會積極協助對方轉診大醫院，給予適時適切的治療。

曾有病患前來求診時，提及胸痛、冒冷汗等症狀，林承興現場研判應是心肌梗塞前兆，趕緊叫救護車轉送大醫院治療，也因為把握黃金治療時間，病人才得以安然過關，林承興成了家屬眼中的救命恩人，而他謙稱只是做好份內之事，「家醫科擔任基層醫療第一線角色，提供以家庭為單位的醫療照顧，是民眾健康的守護者，更是小村居民的好厝邊。」

為了孩子求學方便而定居臺北的林承興，至今每天都開車到診所上班，他回憶：「早期從臺北開車過來，只有一條北寧路，車程要花一小時。」後來當地開闢多條快速道路，交通便捷連帶促進基隆居民的生活機能與就醫環境，基隆署立醫院與長庚醫院成了重要的轉診後援。

由於林承興工作時間長，小孩多由太太照顧，江素蘭為了支持先生而扛起家庭責任，後來健保走向醫藥分業，她更投入藥局工作，讓診所業務發展更加健全。

01

01 地區型診所不應僅有看診功能，也應關心公衛問題，協助地區宣導流感注射、癌篩、糞便篩檢、乳房攝影等健康管理。 02 漁村年邁人口眾多，林承興與江素蘭扮演社區長照關懷的重要執行角色。

02

將病患當作家人　成為社區裡的長照據點

長照制度還未推行時，林承興與江素蘭就常到不良於行的病患家裡診療或送藥，把病患當朋友般關心。漁村年邁人口多，年長者又常常疏於藥物管理，藥物放到過期或不了解藥物的使用方式，甚至花大錢買不明來源藥物，個案時有所聞。

江素蘭會親自上門協助整理藥物，並解釋成分與病情的關聯，她說：「老人家其實需要長時間的耐性勸導，即使不一定有效，但這是我們專業醫藥人員的責任，訪視過程要是發現危急狀況，也能及時協助就醫。」

林承興曾任冬山鄉衛生所主任，這讓他特別注意地區的公共衛生，他與衛生所密切配合，協助宣導流感注射、癌篩、糞便篩檢、乳房攝影，「對診所經營來說，這都是額外服務，但社區型診所不應僅有看診功能，也應該關心其他的健康問題。」

目前診所還有馮立民、林政隆醫師協助門診，並聘有專業人員負責處理與附近養護中心、衛生所合作的業務，近期也陸續推動手機通訊軟體服務，方便長照、糖尿病等門診病人即時聯繫，縮短候診時間，快速投入醫療。林承興更呼籲：「希望能有更多醫師願意加入地方醫療工作，居民善意的回饋絕對讓你收穫滿滿！」

在純樸的小漁村　與居民一起慢慢變老

林承興的兩個哥哥都是醫師，也是他從醫生涯的標竿，大哥林朝景醫師更是對他愛護有加。「大哥告訴我，醫療的志業可以創造很多價值，治癒病人不但很有成就感，而且也是受人尊重的職業，這些話對我影響很深。」

診所開業近 30 年來從未發生過醫療糾紛，林承興說：「病患們很純樸，只要真心付出、盡己所能，就能獲得回報與尊重。」他堅定地說道：「醫師必須解決病人的症狀，不可怠忽職守，要仔細跟病人說明病情，這也是現在醫病關係緊張的關鍵，一旦病人跟醫師的認知有落差，就容易發生糾紛。」

位於八斗子的林承興診所成立初期，便面臨小漁村人口不斷外移的窘境；之後隨著海科館與臺鐵深澳線的開發，小漁村又有了絡繹不絕的觀光客，但真正長住於此的居民們，只剩下生活了一輩子不願離開的耆老，看著小漁村的興衰。

林承興深有所感地說道：「隨著漁村人口老化，我們也跟著他們一起老了。」從一名下鄉服務的醫學院年輕公費生，慢慢成為愛上一地人情的資深醫師，如今林承興診所不但守在基層醫療的第一線，更是高齡社區的最佳長照後盾。

01 社區健康篩檢活動，照顧在地鄉親的健康。 02-03 林醫師參與健康老化延緩失智系列活動。04 林醫師（中）參與肺功能／動脈硬化檢測及諮詢服務。05 林承興醫師和妻子江素蘭藥師。

推行全人醫療環境　安然迎接樂齡榮光

秉持以人為中心、以家庭為單位、以社區為範疇的全人醫療，林承興歷經 25 年深耕、推動，結合社區健康照護的力量，共同建構起一個完整的醫療環境。在面對人口逐年老化的情況之下，更進一步提供社區居民全新思維的居家醫療照護，主動針對無法親自出門的長者提供「到宅看診」服務，且有效的結合居家護理、整合長照 2.0 的各項資源。期許「讓生命獲得最好的善終方式」是目前的階段目標，而且也逐步實現中。

老化，是人生一個自然連續的過程，常伴隨著多重慢性疾病、衰弱、失智、失能的風險。其實許多慢性病，例如：高血壓、糖尿病等都可以藉由飲食、運動、生活習慣的改善，避免或延緩它們的發生，降低嚴重度及併發症的發生。更令人振奮的是，許多研究發現規律的運動、優質的飲食、強力的社會心理支持、良好的健康管理，都可以降低失能、失智的風險。林承興醫師也呼籲大家都能定時做健康檢查、多運動、多參加社會團體，期望每位長者都能有一段活耀樂齡的榮光！

05

經營哲學：
醫療行業時間長，要有耐心與毅力，這行業能獲得的信賴與尊重，不是金錢可以換來的。

成功心法：
耐心跟病人說明病情，是避免醫病關係緊張的關鍵。

人生座右銘：
對人要好，與人為善。

林承興診所
（HSCA 臺灣在宅支援診所聯盟）
地址：基隆市北寧路 319 號
電話：（02）2469-4199
E-mail：linslc.jenny@msa.hinet.net
Facebook 粉絲專頁：林承興診所 / 永好藥局

粉絲團

01

奮力飛越藍天
看觀景窗外的萬千世界

「丞丞影像工作室」賴彥丞（Jason Lai）

閃光燈伴隨著快門俐落的喀擦音，劃破寂靜的攝影棚。男孩目不轉睛盯著父親舉著相機的工作背影，幼小的身子席地而坐，雙眼卻是專注，像是深怕錯過任何一個瞬間。

「小時候就想成為像父親一樣的人，拿著相機，就能認識很多厲害的人。」賴彥丞回憶。

從小沐浴在攝影與藝術環境的男孩，繼承了父母雙方的志趣與天賦，17 歲那年執起人生第一台相機，透過觀景窗開始拍攝雙眼所視的繽紛世界。他是賴彥丞（Jason Lai），醉心於音樂與攝影，認為鏡頭下的世界，是由對比強烈與鮮明色彩構築而成，如搖滾樂般熱血與歡樂。

邂逅音樂與攝影　跨越大洋的遊學歷程

從小跟隨攝影師父親與美術背景的母親，賴彥丞的童年，彷彿一幀幀由繽紛色彩所組成的回憶幻燈片。求學時期的他，就讀廣告商業設計相關科系，為了更加精進自己與拓展視野，畢業後選擇前去澳洲打工遊學，並且就讀當地語言學校。

「當時就想著，帶著相機去闖闖、玩玩看吧！」遊學期間，他曾在雪梨做過廚房幫工，也擔任過新創媒體公司的攝影記者。賴彥丞回憶：「那時恰好遇上了雪梨恐怖攻擊，對我的影響非常大，從前總想著任何事情都放膽去做，總是被衝勁帶領，但那次開始注意到安全才是第一。」

與此同時，高中曾學過爵士鼓的賴彥丞，也與當地朋友一同組了樂團。偶然得知樂團主唱在玩音樂之餘，也經營一間婚紗攝影工作室，擔任主唱的友人在看過賴彥丞的攝影作品後，二話不說便邀請他加入，在這樣的經歷下，賴彥丞開始有了將來也要成立自己工作室的初步想法。

02

03

01 醉心於音樂與攝影的賴彥丞，用自己的視角去記錄每一個美好的瞬間。
02-03 捕抓日常生活中的美景，是賴彥丞磨練攝影功力的方式。

自我要求　源於「青出於藍而勝於藍」的渴望

「我不想一直依附在父親的光環下，他的品牌有著業界頂尖的水準，但我覺得自己應該要獨當一面。」

回國後，賴彥丞在父親攝影棚工作室擔任攝影助理，幾年的學習，意識到攝影不如小時候所想的簡單，「很多人始終認為我頂著父親的光環，連帶也質疑我所開出的攝影價碼。」面對外界的種種壓力，對自己有所要求的賴彥丞說：「那段時間壓力大到幾乎夜夜失眠，甚至半夜還拿著相機說明書研讀，當時只要出門就會帶齊全套相機，哪怕只是遛狗，找到機會就練習。」深怕錯失轉角偶遇的美景，賴彥丞努力累積自己的作品，不斷地在日常中磨練攝影技巧。

父親對於賴彥丞的攝影要求極為嚴格，從來不曾放低標準，賴彥丞說：「父親對我從小就很嚴厲，我所拍的每張照片，他永遠都能挑出缺點。他回憶，父親最常說的是「為什麼這裡不打燈？」有時賴彥丞常常認為父親太過苛責，但事後檢視、精修照片時，卻發現父親所說都有其道理，多了這些微妙的調整，的確讓照片更顯生動活躍，「現在我會說，沒有父親就沒有現在的我……那個愛上攝影的我。」

01

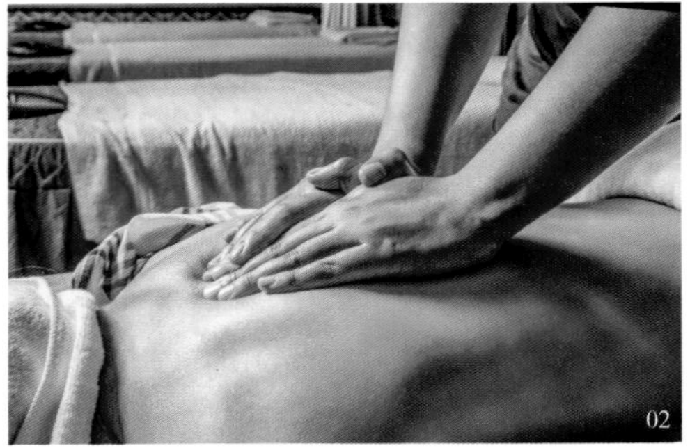
02

01-02 商業攝影亦是其拍攝強項。03 賴彥丞擔任 2019 年 S2O 泰國潑水音樂文化節的攝影統籌，種種現場應變都讓他的能力更達巔峰。

03

按下一次次的快門　觸發屬於自己的年輕風格

賴彥丞除了在父親工作室幫忙，也嘗試在外接案攝影。相較於商業攝影工作室，從小活潑好動的他更喜歡熱鬧歡騰的活動場合，玩樂團的搖滾精神不滅，且更深埋在這位年輕人的骨子裡，他巧妙將兩者交融。「商業攝影磨練我打光的技巧，但活動攝影讓我能夠激發更多的構圖可能。」在朋友的引薦下，賴彥丞開始接洽夜店及演唱會活動攝影，在五光十色的豔麗光影變幻下，他對於燈光的應用有了更多別樹一幟的想像空間。

多接各種活動攝影、累積作品與人脈後，開始有人詢問賴彥丞，是否擁有自己的工作室？賴彥丞便由自己姓名的英文字母作為發想，組合成相機的意象；以粉紅色為主色，象徵年輕人的蓬勃朝氣，「想要以一種親近、活潑的攝影風格，讓人認識到我，也藉此向眾人宣示，我的工作室擁有自己的特色！」賴彥丞說。

攝影工作的轉捩點　人生的第一場巔峰

在賴彥丞的攝影生涯中，有三場最為難忘的經歷，改變了往後的待人處事原則，也讓他得以追逐引以為傲的成就。

2018 年的一場電子音樂祭，賴彥丞開始領悟到工作團隊的溝通與默契的重要；第二場是擔任 2019 年 S2O 泰國潑水音樂文化節的攝影統籌，賴彥丞說：「這次擔任活動總召，從安派人力、資金到活動當下所遇到的種種應變，都讓我到達耐力、體力與智力的巔峰。」而回顧過往攝影經歷，最是難忘的，莫過於擔任饒舌歌手高爾宣的演唱會攝影師。

「每每看見第一張幫高爾宣拍下的照片原始檔，都會想流下眼淚。」賴彥丞去年在一場活動中拍攝了藝人高爾宣，系列照片後來輾轉傳到了他的經紀人手中。後來高爾宣晉身饒舌歌手界的黑馬，成為了備受矚目的爆紅歌手，其經紀人便邀請賴彥丞擔任巡迴演唱會的專任御用攝影師。

賴彥丞說到：「初遇時，高爾宣正處於事業低潮，而我也從來沒有想過那張隨性拍下的照片，會讓我從一個小小的接案攝影師，到現今累積了眾多粉絲。」

快門按下的剎那，人們的當下定格成了回憶，這段由照片牽起的緣分，也同時為兩人拉起事業起飛的序章。

01-02 按下快門，一張張偉大照片的誕生，攝影師將一切最美好的光影與焦點，留給眾人。03 活動攝影需要顧慮的細項很多，唯有專注與專業，才能不漏失每一個精彩畫面。04 饒舌歌手高爾宣。

攝影人的獨白

有句攝影名言這麼說：「如果我透過觀景窗看到某個覺得熟悉的東西，我會試著去用不同的觀點重新看一遍。」賴彥丞認為攝影帶給他最大的改變，便是看事物的角度不會永遠專注單一面向，他嘗試透過自己觀景窗中的畫面，將大眾習以為常的影像轉化為更有創意與活力的模樣。

賴彥丞成長過程中，有著如浪般不斷拍擊而來的挫折與壓力，但這也使其快速成長，甚至比同輩友人更早確定未來方向，「我能勇敢且大膽的去拍出別人拍不到的畫面，而且我能跑、能跳、能蹲馬步，為了拍出好照片時常擺出高難度的姿勢。」

01-02 活動攝影師為精彩的畫面留下瞬間的美好紀錄，以饗粉絲，是活動的幕後大功臣之一。03 饒舌歌手高爾宣的歌唱事業起步，也是賴彥丞第一次擔任主攝影，最後一拍即合成為藝人御用攝影師，對雙方來說都深具意義。04 賴彥丞在影像創作的領域中，走出屬於自己的攝影風格。

「這些年看到許多藝人或是大型場合會轉發我拍的照片，都讓我有著非常大的滿足感。」賴彥丞漾起一抹微笑：「即使藝人本身或是他們的粉絲不知道攝影師是誰，但我還是很有成就感。」至於未來的想像，賴彥丞襯著如皎月般的眼神，以滿是希望的口吻說：「最大的夢想是能與知名DJ來場世界巡迴音樂節！」賴彥丞一笑，「不過現階段希望能先有間自己的工作室，一個輕鬆的空間，朋友、客戶能夠一同聊工作、攝影技術、看電影。」

現在的賴彥丞，透過觀看國內外影劇持續學習影像構圖，「人與人的交錯、燈光的運用與氛圍的塑造，這些影像不斷刺激著自己，思索著若成為定格畫面，會有著怎樣的驚人效果？」賴彥丞醉心於攝影的光影繾綣中，並低下頭凝視、輕撫手臂上的刺青圖騰，那是一個手持相機的攝影師剪影，像是在預備著一張張偉大照片的誕生，並將一切最美好的光影與焦點，留給眾人。

04

經營哲學：

- 溝通，跟團隊要有良性溝通，知道彼此的需求與想要。
- 默契，多讓他們知道自己所想，但也要給他們自由發展的空間。
- 多關心團隊成員的個人生活，多跟他們相處，有要求但也不要太過束縛。

成功心法：

攝影就只是把眼睛所看到的記錄下來，不要想太多。

人生座右銘：

想做什麼就去嘗試，但是安全第一。想清楚後放膽去做，如果不能放膽，就拍不了好鏡頭。

丞丞影像工作室

電話：0966-465-376

Facebook 粉絲專頁：Jason Lai Studio - 丞丞の影像工作室

粉絲團

Instagram

01

沏一盞歷久茗香
為臺灣茶注入活水新生

埕｜畔｜茶｜坊
TAIWAN

「埕畔茶坊」阿諾老闆

古色古香的茶行，在您的印象中，是否只是上一輩耆老的淡雅日常？自 19 世紀起，大稻埕洋行間掀起一陣臺灣茶葉熱潮，由往來貿易的商賈船隻便可窺知，彼時來自臺灣的茶葉，曾以傲人的貿易成績享譽全球。

坐落在大稻埕一隅，由阿諾老闆所創立的「埕畔茶坊」有別以往的茶行印象，茶坊陳設走著老闆所堅持的精品路線，潔淨而明亮的品茶空間，將茶葉分門別類，任君挑選。清爽的吧檯品茗區及通透的茶葉烘培區，一改人們對於茶行的刻板印象。

「不願改變，是臺灣茶葉走不出去的原因之一。」身為專業茶人，阿諾老闆有一個遠大的志向，要如同百多年前的老前輩們一樣，再將好茶推至國際，邁向臺茶的另一段精彩風光！

嫩芽初長　茶行起始

受家庭因素影響，阿諾老闆自小就在經商父親的身邊成長，練就外向愛講話且好勝的個性，從國小頻頻被老師寫聯絡簿反應的「事蹟」看來，積極而不服輸的個性，勢必未來能有一番開創的作為。果不其然，阿諾老闆在大學畢業後就接手親戚經營三年的茶行（埕畔茶坊前身祥欣茶行），接手後阿諾老闆坦言：「當時對於茶葉完全沒有概念，也因此吃了不少虧。」

回憶起初創時期的挑戰，二十歲出頭的阿諾老闆，對於接觸完全陌生的茶行生意，只能從零開始。他挾帶著本身敢於嘗試與不怕失敗的滿腔熱血，踏入全新而未知的領域。為了尋求好茶，阿諾老闆隻身開著家人不要的小車，便來到雲霧繚繞的山林茶園，流連於各山頭間，其茶商生涯亦隨著哩程數的增加而正式展開。

阿諾老闆探詢過的茶園不計其數，「一開始許多茶農看我年輕，不太鳥我，有的是直接上非常差的茶，印象最深刻的是有人直接倒市售瓶裝茶給我……。」山上茶葉交易行規是，好的貨物先留給熟人挑選，一個剛出社會的小伙子根本不太有人搭理。

阿諾老闆回憶，經營茶行之初像個無頭蒼蠅，沒有長輩可傳承經驗，也缺乏相關知識背景，只能憑著直覺衝撞。「看我的年紀跟行頭，人家就會覺得你不可能買多好的茶。」阿諾老闆說：「但我的挫敗與希望都是他們給的，至今我都還很感激！」

如此這般的窘境，直到遇見一家善良的種茶人，才擺脫眾人冷眼。「那時我告訴茶農，我真的很想做好生意，對方大概被我感動到，僅憑一張名片，他們就相信我了。」阿諾老闆提及這段溫暖回憶，「那時的我沒有經濟能力，還無法大量採買，但他們仍給我批發價。」

人與人的緣分，從良善的心意與互動展開，這位長久愁顏的青年，眉目終於如注入沸水的茶葉般舒張開來，在茶農不以世俗衡量的眼光之中，溫潤情誼宛如茶香滿溢。「過了好多年，現在我仍然與那位茶農保持合作。」感念成人之美，阿諾老闆感恩地說道。

01 埕畔茶坊創辦人 阿諾老闆。

擺脫陳舊　帶著臺灣茶出去走走

打開茶品的供給來源之後，龐雜的茶葉知識與流派，阿諾老闆全部藉由苦學補齊。也曾歷經整整三週完全沒有生意上門的困窘時光，「有人說經營茶行最少需要三年才會開始有獲益，而我卻花了整整五年……。」阿諾老闆說。

生意穩定後，他便計劃店面翻新，打算朝著精品化邁進。曾有人好奇問，為何要花大錢將傳統茶行裝潢成精品店風格？有這個效益嗎？難道不怕客人更不敢親近？

阿諾老闆的想法是，「除了文創商品不談，茶葉本身就屬上品，唯獨缺少包裝。茶行容易給人燈光昏暗、佈滿灰塵的老舊傳產印象。」他認為，傳統茶行應該意識到，臺灣茶葉不僅站得上國際舞台，而且還可以是超精品。「人要衣裝佛要金裝，如何體面，應該是現今茶行可以多注意的面向。」阿諾老闆認為，先從包裝層面做改變，是一個可行的轉型方向。

「阿豆仔懂喝茶嗎？」在這兩年間，阿諾老闆不斷帶著臺灣茶葉去參加國際評鑑，爾後更在歐洲比利時、義大利、英國等地陸續獲獎，但即便出國得獎，還是會受到被刻板印象框住的人所質疑。他認為，讓臺灣茶葉參與全球性評鑑，用意在於能被國際認同，讓世界更多人有機會重新認識福爾摩沙的好茶。「既然東方人也品飲紅酒，那為何西方人不能品茶呢？」

01

02

01-02 阿諾老闆的收藏品，讓埕畔茶坊儼然是一座茶文化的美術館。03-04 何妨來一趟埕畔，品好茶、品知識、品人與人之間的美妙交流。05 一碗溫潤茶湯，串起茶文化的古往今來。06 埕畔茶坊的好茶榮獲 2019 在比利時布魯塞爾舉辦的國際風味評鑑（iTQi）獎項。

03

04

05

06

沏開世代隔閡　臺灣茶葉也能傲視全球

有感於傳統茶葉市場漸因手搖杯飲品的興盛而衰落，阿諾老闆認為這跟世代隔閡有著極大的關聯。年輕人對於茶葉品項或是泡茶技藝，都有著莫大的距離感，「我一直認為茶文化不該如此表現，我們應該要以茶為媒介，拉近彼此的距離，茶文化才會更有意義。」

此外傳統泡茶講究茶具與步驟，耗時較久，相較於快速又變化多端的手搖飲料，身處快時尚世代的年輕人對於後者較能接受。阿諾老闆打趣地說，「跟從前聞名世界的福爾摩沙茶葉相較，現在說起臺灣茶品，風靡全球的大概只剩珍珠奶茶了。」對比昔日各國洋行在北臺灣進行茶貿易的過往盛況，他也不勝唏嘘。

為了與新世代同行，阿諾老闆表示，他盡力在自家茶行所販售的茶葉包裝及內容上做到平衡。埕畔茶坊的茶葉都是親自上山與茶農對話，審核茶園管理及製茶細節後精挑所得；包裝細節亦親自操刀，希望每包茶葉都有專屬的個性及靈魂，而非徒具商業包裝的產品。「這十年來，經營的成就感來自於顧客的回購率，這代表的正是他們對我的信任。」阿諾老闆如是說。

01

02

喝茶　讓你認識更多人

有感於身處網路資訊大爆炸的時代，氾濫的真假訊息時常造成愛茶者的混淆，阿諾老闆因而決定在茶坊內舉辦《埕畔小講堂》，除了傳遞人與人之間互動的人情味外，也提供好茶及知識交流平台。

「茶葉生意若沒有與人互動的溫暖，那還有什麼意義？」為此，阿諾老闆藉由舉辦講座，希望能促進世代對話。他廣邀各界專業人士，暢談文化巡禮、健康養生、茶品交流等相關領域訊息，「我本身對於知識的傳播很重視，主因是小時候不愛念書，很多不懂的事都上網查，可是正確性真的必須存疑，所以會想多開這種知識交流的課程。」因此阿諾老闆格外重視主講人的資歷及權威認證，以達到授課內容的正確性。

很多學問只能意會，無法言傳，特別是淵遠流長的茶文化。阿諾老闆談及茶葉知識推廣，直言有所難度，因為複雜的支派及茶品，讓多數人只能以價格來論斷茶品的好壞。「每支茶都沒有所謂的好與壞，優缺點要依照個人不同的品味而判定，品茶其實很單純，在沒有壓力的前提下找到喜歡的就好。」

01 埕畔茶坊與《瘋城部落》合作開辦茶講席。02 阿諾老闆在雲霧飄渺間，與茶農不斷溝通，選出好茶。03 2019 受邀出席義大利羅馬 Monde Selection 頒獎典禮。04 埕畔茶坊阿諾老闆與老闆娘。

苦澀而後　亦能回甘

在大稻埕畔與在地人閒坐亭仔腳泡茶聊天，聽長輩搖扇低吟鄧雨賢的〈雨夜花〉，這十年的過往如同一杯清透明亮的茶湯，散發出獨一無二的甘苦韻味，而這些滋味都被阿諾老闆一手聚攏在茶香滿溢的埕畔茶坊，以傳統又創新的混搭樣貌，讓臺灣佳茗走上世界精品伸展台。

面對大量茶葉進口、消費文化改變及茶園生態破壞等處境，阿諾老闆雖憂慮卻仍保持從容，在他的眼神中仍清晰可見當年那個不畏艱難、勇往直前的青年。倘若您也有故事，歡迎來一趟大稻埕畔，走進埕畔茶坊，與阿諾老闆共品一壺充滿故事的好茶吧！

03

04

經營哲學：
計畫詳盡、資金充裕，以面臨未來各種狀況。抗壓性及意志力都要非常強大，以抵抗外界誘惑。

成功心法：
誠信、人情味，凡事給予人機會與退路。

人生座右銘：
不要羨慕生活過得好的人，因為你永遠不知道他達到如今地步，必須付出多少努力。

埕畔茶坊 CHENGPION Taiwan Tea
地址：臺北市大同區天水路 49 號
電話：（02）2559-6220
Facebook 粉絲專頁：埕畔茶 CHENGPION Taiwan Tea

粉絲團

賣車安心，騎車放心
在貳輪嶼上，
您可以自在御風前行！

「貳輪嶼二手重機車專賣店」林弘毅

「永遠記得，陪伴我人生的第一台摩托車，是一台二手的雲豹150。」林弘毅回憶。

求學時代，趕上網路線上遊戲興起的浪潮，藉著虛擬寶物交易，「貳輪嶼二手重機車專賣店」創辦人林弘毅賺到人生的第一台摩托車。

2010年，他上網賣掉自己的打檔車，卻意外發現二手機車買賣的新世界。身邊的朋友當時都有買賣機車的需求，又不想被車行仲介多賺一手，於是他開始幫友人上網尋找符合需求的機車，結下與二手摩托車買賣行業的不解之緣。

01 貳輪嶼二手重機車專賣店位於新北市中和的店面。02 店內提供各種專業耗材，供行家選用。

弍輪嶼
MOTOR ISLAND
機車買賣
弍輪嶼
MOTOR ISLAND
機車買賣 中和店
TEL: 02-29411153
中古機車
回收舊車

01

YAMALUBE 4-R
YAMALUBE 4-S
NICE JOB
NICE JOB

02

貳輪嶼專業團隊，為您照顧愛車。

創業未半擱淺灘頭　乘上摩托東山再起

成長過程中，林弘毅打過不少工，也透過摩托車買賣賺了不少零用錢，不過做生意當老闆的想法卻始終沒變。他曾是臺灣率先投入 3D 列印產業的先行者，更多次登上媒體版面，卻因為當時團隊專業未到位，最後慘賠收場。

陷入人生低潮的林弘毅，決定從最熟悉的機車業東山再起，特地從臺北南下彰化學習半年，考取機車修護丙級執照。他的認真，親朋好友們都看在眼裡，因此紛紛挹注資金，幫助新創業的林弘毅。

初期在景美某社區地下室開啟二手摩托修護買賣事業，回想剛創業時，還只能選擇便宜堪用的修車工具，連開幕前一天，修車師傅都沒著落。辛苦努力耕耘了半年，店務才逐漸步上軌道。面對日益成長的生意，林弘毅更在 2014 年租下中和景平路的店面，後續事業版圖更拓展至臺中、擴大營業，從一開始的五、六台車，到現在臺北總店與臺中分店共計近 300 輛的規模。然而看似平順前進的過程，其實一路走來充滿許多挑戰與抉擇。

理念不和掛冠求去　沉澱體會管理真意

基礎底定之後，林弘毅開始將心力放在公司內部的經營管理。看著隨性工作氛圍，他認為應該及早建立制度，才能穩定發展，於是著手訂定各種獎懲辦法，大至營業細則，小至生活常規，無一不包。不過此舉引起合夥友人和師傅的大幅反彈，互不退讓的後果是團隊解散，眾人憤而離去。

身處偌大的店面裡，只剩林弘毅一人孤單的身影，他一肩扛起收車、維修、辦理過戶、招聘新人等大小事務，忙碌中不忘翻遍管理叢書，試圖找出經營的最佳準則。經過反覆嘗試，最後他得出的結論是：小公司不需要過度僵化的制度，一切應以人性為依歸。

林弘毅說：「過去看太多電視電影，誤以為當老闆就是要雷厲風行，要有絲毫不讓步的魄力，後來從經驗中發現，柔性的勸導才符合人和人的相處。」大舉改弦易轍後，新招聘的師傅就一直跟隨到現在，臺北店以每年拓展一間的速度橫向發展，已是市場上不容小覷的二手摩托車交易車行。

01-03 愛家的林弘毅與家人合照。04 已連續三年為員工舉辦海外旅遊，大手筆照顧員工，在業界少見。

網路創新模式開拓客源　發展二手車市場新藍海

傳統二手車商的貨源，多半經由大盤商收購，或是車主親自到車行以舊車換新車，因此貨源不穩定、價格也不透明。近年來，網路社群平台興盛，車主上網買賣機車的數量大幅增加，自學生時代便在網路上找尋車源的林弘毅，在這個通路上有深厚的經驗。

他以貼近年輕族群的溝通模式，成功打開網路市場藍海，官網上公開中古機車收購價格參考，輔以低廉的定價，增加車輛交易流通速度，在網路上累積不少好評。從一天賣出不到兩台，到現在每天近四十台車等著線上估價，被客戶暱稱「小林」的林弘毅說：「我直接跟客人收車，不會搶到傳統車行的市場，所以跟同業的關係也很好。」

2018 年，林弘毅將事業觸角伸到臺中，捨棄傳統機車行包山包海的經營模式，單純服務二手車買賣，再加上店址正好在監理站對面，客戶辦理過戶很方便，一年下來生意愈來愈穩。他笑著說：「中部的客人很有人情味，只要他滿意了，不但主動介紹親友來買車，甚至直接拖人過來的都有！」

讓利才能收穫　放手取得更多

林弘毅坦言，可能是社會經濟比以前好，二手摩托車的交易市場一直在萎縮，摩托車並非價格高昂的交通工具，大部分買家連二手機車都不考慮，直接選購新車。因此現在貳輪嶼服務的客戶，大部分是還在求學階段，經濟還沒完全獨立的學生族群，所以服務的品質與誠信就更顯重要。

購買二手車最怕遇上車況不佳，或是交車後故障出保，車行卻百般刁難。網路時代的訊息傳遞快速，一個負評就可能毀掉長時間累積的努力。因此他推行購車五大保證——保固引擎三個月、保固消耗品一個月、機車電腦終身成本價、事故車無條件退車、引擎維修終身優惠，讓客戶無後顧之憂。貳輪嶼秉持「寧可付出成本為顧客修到好，也不讓顧客失望離去」的服務信念，然而看似吃虧的背後，卻反而帶來更多的人潮，不斷湧入。

在同業之間，貳輪嶼的員工福利亦是出名的好，除了成交獎金，貳輪嶼已連續三年為員工舉辦海外旅遊，實屬業界罕見。每次看到同業羨慕的留言，就成了林弘毅最大的成就感。奉為座右銘的「財散民聚」經營觀念，對林弘毅的幫助極大，當利潤分享員工後，團隊的向心力更強，讓他放心地將北部店務交給弟弟，努力拓展新市場。未來他即將前進高雄，串連北中南的二手摩托車市場，幫助更多尋覓愛駒的民眾，快樂地騎車乘風前行。

01 貳輪嶼二手重機車專賣店，臺中及臺北各有分店。02-03 整理妥善的靚車蓄勢待發，等待有緣人再次騎乘上路。

02

03

經營哲學：

・吃虧就是占便宜，別讓客人不開心。
・努力不留下負評。

成功心法：

真誠對待每一個客戶和工作夥伴。找到自己的藍海，成為網路二手機車買賣排名前二的品牌。

人生座右銘：

財散民聚。

貳輪嶼二手重機車專賣店

臺北店

地址：新北市中和區景平路 358 號

電話：0983-619-930（小林）

臺中店

地址：臺中市北區德化街 61 號

電話：0952-092-978

官方網站：www.gomoto.com.tw

Line 線上客服：@squ3798p

Facebook 粉絲專頁：台北 - 貳輪嶼二手重機車專賣店

官網

粉絲團

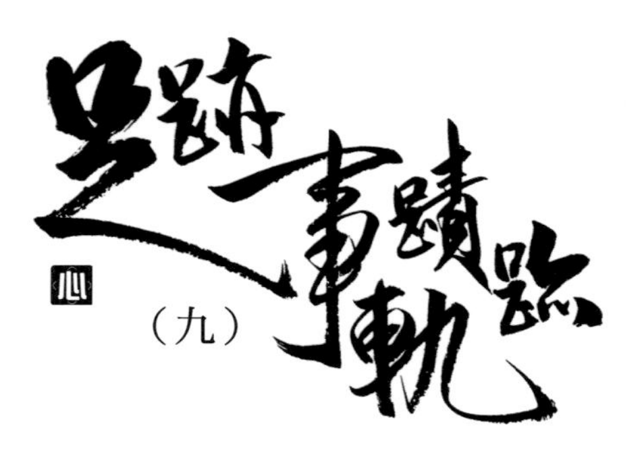

國家圖書館出版品預行編目（CIP）資料

足跡事蹟軌跡. 九 / 心想文化作. -- 初版. -- 臺北市：心想文化創意, 民108.12
面； 公分. -- (心享系列叢書；9)
ISBN 978-986-97003-8-2(平裝)
1.企業家 2.企業經營 3.創業

490.99 108021987

作　　者	心想文化
出版總監	張超傑
主　　編	蔡怡軒
執行編輯	黃馨毅 陳堯君
特約採編	王上青 李怡慧 林圃君 陳怡 張禎芝 許芷瑄 蔡孟穎 Annik
執行企劃	王頌媺 白怡菁 李元斌 張依婷 劉承濬
封面設計	ivy_design
排版設計	ivy_design
製版印刷	鍇樂設計股份有限公司
出 版 者	心想文化創意有限公司 ShinShan Publishing & Creative Co., Ltd.
地　　址	台北市松山區南京東路五段 251 巷 22 弄 34 號
電　　話	02-77307720
信　　箱	contact@2over5.com
版　　次	108 年 12 月 初版
官　　網	www.2over5.com
Facebook	www.facebook.com/2over5/
Line	@zum1027s
總經銷商	旭昇圖書有限公司
地　　址	235 新北市中和區中山路二段 352 號 2 樓
電　　話	02-22451480
傳　　真	02-22451479
郵政劃撥	戶名：旭昇圖書有限公司（帳號：12935041）

粉絲團

官網

Line